함께,
다시,
유럽

여행은 각자에게 다르게 기억된다

여행, 길 위에 서다

설렘을 안은 밤

어느 숲 속의 작은 전시회

마음으로 본 그림 한 점

별을 덮고 자는 밤

음불로 거리를 채우던 악사

함께,
다시,
유럽

With, Again, Europe

오재철＋정민아 지음

미호

시간 참 잘 간다. 400여 일간의 긴 여행에서 돌아온 후 벌써 400여 일이 지났다. 다시 돌아온 일상이 팍팍하게 느껴질 때면 우리는 즐거웠던 여행의 기억을 더듬으며 그 시간이 실존했음에 행복해하곤 했다. 그런데 분명 함께 다녀온 여행인데 서로의 기억은 조금씩 달랐다. 여행 내내 한시도 떨어져 있지 않았는데 말이다. 모나코를 떠올리면서 N양은 아름다운 로맨스를 담고 있는 사랑의 도시로, T군은 어릴 적 카레이서의 꿈을 실현시켜주었던 희망의 도시로 기억을 하고 있었다.

"그래, 서로의 다른 기억을 이야기해 보자!"

그것이 이 책을 쓰게 된 강한 동기였다.

사람들의 얼굴이 제각각인 것처럼 성격도 다르고, 보고 싶은 것, 경험하고 싶은 것도 제각각 다르다. 또, 그날그날의 기분이나 몸 상태에 따라서 여행지에서 받는 느낌과 감동도 각자 다른 게 어쩌면 당연하다. 하지만 우리는 누군가 좋았다고 극찬하는 그곳에 대해 난 별로였다 말하기를 꺼린다. 남들과 다른 의견을 내고, 다른 삶을 사는 것에 대한 두려움 때문이다. 모두가 똑같을 수 없고, 똑같이 살 수 있다 해도 그게 진짜 행복은 아닌데 말이다.

우리 책이 지금 이 순간 떠나고 싶어 하는 이들에게, 남들과 다른 자신의 길을 걸어가려는 이들에게 자그마한 응원과 격려가 되기를 바란다.

Thanks to

인생의 바른길을 인도해 주시는 강중식 선배님, 용기와 열정의 아이콘 대전마케팅공사 이명완 사장님, 친형처럼 따스한 오라클메디컬그룹 노영우 회장님, 책이 나오기까지 항상 도움을 주신 김순란 과장님과 미호 식구들, 사진의 길로 인도해 준 한제훈 형, 언제나 든든한 버팀목이 되어 주시는 양가 부모님, 진심을 다해 꿈을 응원해 주었던 민혁이와 초은이, 제욱이와 정태. 그리고 이 책보다 한 달 먼저 만나게 된, 세상에서 가장 맑은 아란이에게 이 책을 바칩니다.

Contents

꿈 그리고 결심

여행을 떠나기 전에도, 다녀온 후에도 친구들은 묻습니다.

"너희 돈 많구나?"

이제 갓 서른을 넘긴 제가 돈이 많으면 얼마나 많겠습니까? 재수 1년, 대학을 졸업한 후에도 1년 가까이 방황한 후에야 첫 월급을 탔습니다. 그것도 개고생에 박봉의 대명사, IT업계에서 말입니다. 웹 기획자로 7년을 구르며 얻은 게 '돈'이라면 더할 나위 없이 좋겠지만, 대신 전 아무 데서나 구를 수 있는 '깡'과 '뻔뻔함'을 얻었습니다.

T군이요? 그의 삶도 만만치 않았죠. 형편이 어려운 집안의 삼 형제 중 맏이로 태어난 그는 어릴 적부터 스스로 사는 법을 터득해야만 했

으니까요. 스물넷이 되어서야 떠난 늦깎이 유학 생활, 달랑 100만 원 손에 들고 뉴욕으로 날아가 3년을 버텼습니다. 한국으로 돌아온 후 먹고 살기 위해 이 일 저 일 다 해봤지만 서른이 넘어 깨달았다고 해요. 입에 풀칠하는 데 문제없는 현재보다 배곯아도 행복했던 뉴욕 생활이 좋았다고요. 돈이 아니라 꿈을 좇았던 그때…….

저희는 2008년에 처음 만나 2012년 2월에 상견례를 했습니다. 5월로 예정된 결혼식을 준비하면서 우리에게 공통의 꿈이 있다는 걸 알게 됐죠.

'언젠간 떠나리, 세계 여행!'

돈이 아니라 꿈이 많은 부부였던 겁니다.

저희는 그걸 '가치관의 우선순위'라고도 말합니다. 인생에 있어서 안정적이고 아늑한 보금자리를 1순위로 꿈꾸는 사람들은 멋진 집과 자동차 그리고 그 집의 인테리어 등에 돈과 시간을 투자하겠죠. 어쩌면 2박 3일 간의 여행 경비도 아까워하며 마음에 쏙 드는 가구 하나를 더 사는 게 남는 장사라고 생각할 수도 있어요. 두고두고 볼 때마다 만족감에 미소 지을 수 있으니까요. 그게 나쁘다는 얘기가 아닙니다. 다만, 저희 부부가 함께 꾸는 꿈의 1순위는 '좀 더 넓은 세계를 경험하고 싶은 마음'이라는 걸 말하고 싶은 겁니다.

하지만 결혼은 집안 대 집안의 결합이라는 말이 있죠. 문제는 양쪽 부모님을 설득하는 일이었습니다. "결혼 후 1년 정도 세계 여행을 다녀오고 싶습니다." 몇 날 며칠 눈치를 살피고 한참 뜸을 들인 후에야 어렵게 꺼낸 말에 "그래, 여행도 젊었을 때 해야 더 많이 보고 더 많이 느끼고 올 수 있지. 늙으면 걱정과 두려움만 커져서 더 가기 힘들어져. 결혼도 너희 사는 데 필요한 것 위주로 간소하게 준비하려무나."라며 의외로 흔쾌히 허락해 주셨던 부모님들의 반응에 오히려 저희가 더 당황했더랬죠. 말도 안 된다며 역정을 내실 거라 생각했는데 말이에요. 어쩌면 저희 스스로도 미친 짓이라 생각했던 걸지도 몰라요. 그렇게 부모님의 응원과 격려에 힘입어 웨딩 촬영, 예단, 폐백, 혼수는커녕 그 흔한 커플링 하나 없이 2012년 5월 20일, 식장에 들어갔습니다. 식이 끝난 후 첫날밤은 T군의 자취방에서……. 그리고 그로부터 5개월 후, 두렵고도 설레는 마음을 안고 세계로 첫발을 내딛게 됩니다.

한국으로 돌아온 후 사람들이 모인 자리에서 가끔 우리의 여행 무용담을 늘어놓을 때가 있습니다. 남미를 여행하고 왔다고 하면 용기가 대단하다며 다들 놀라워하지만 그뿐입니다. 그러나 정작 유럽 여행 얘기를 풀어내면 눈을 더 반짝이며 빠져 들곤 합니다. 질문도 훨씬 많고요. "우리 이번에 유럽으로 신혼여행 갈 건데 어디를 가는 게 좋을까?", "여름방학 때 아이들과 함께 유럽 여행을 갈 건데 계획 좀 세워 줘!", "유럽 어느 나라가 가장 좋았어?" 등과 같이요. 아직은 멀고 멀게만 느껴지는 남미보다 언제고 한 번 갈 수 있을 것 같은 유럽이 더 친근하게 와 닿나 봐요. 그래서 이 책에는 조금 먼저 들려주고 싶은 유럽 여행에 대한 기록을 담았습니다.

저와 T군 둘 다 이번이 두 번째 유럽 여행입니다. 서로를 알지 못했던 10년 전 각자 첫 유럽 여행을 다녀왔죠. 어쩌면 같은 시간에 로마의 트레비 분수 앞을 스쳐 지났을지도 모르겠네요. 어쨌든 다시 찾은 유럽에서 이전엔 보지 못했던 것들을 보고 느낄 수 있었습니다. 또한 렌터카를 타고 여행하면서 조금 더 구석구석 그들의 삶 속으로 깊게 들어가 다양하고 넓은 경험을 할 수 있었고요. 이 책에는 신혼여행지로 적합한 로맨틱한 여행지도 있고, 아이들과 함께 하기 좋은 여행지에 대한 이야기도 있습니다. 남들은 평생에 한 번 다녀올까 말까 한 곳을 우리는 갔다 왔다는 자랑이 아닌, 함께 공감하며 이야기할 수 있으면 좋겠다 생각했습니다. 물론 언젠가 말도 많고, 탈도 많았던 남미 여행에 대해서도 허심탄회하게 이야기할 수 있는 날이 오면 좋겠네요.

저희는 말하고 싶어요. 마음만 먹으면 누구나 떠날 수 있다고. 단, 인생의 가치관이 안정된 부와 명예가 아닌 조금은 흔들려도 괜찮은 자유와 도전에 있다면 말입니다.

Outline

여행
루트

414일 간의 신혼여행을 떠나다

기간	2012년 10월 24일~2013년 12월 11일(총 414일)
이동경로	3대륙 21개국

중남미(222일)

멕시코 In → 과테말라 → 벨리즈 → 쿠바 → 에콰도르
→ 페루 → 볼리비아 → 칠레 → 아르헨티나 → 브라질
→ 파라과이 (→ 볼리비아 → 에콰도르 Out → 독일 In)

유럽(96일)

독일 In → 프랑스 → 스페인 → 포르투갈
(→ 스페인 → 프랑스) → 모나코 → 이탈리아
→ 오스트리아 → 스위스 → 스코틀랜드 Out
(→ 미국 템파 In)

북미(96일)

미국 In → 캐나다 Out

주요 이동 수단	중남미: 대중교통(뚜벅이)
	유럽: 렌터카
	북미: 캠핑카 + 렌터카

독일	프랑크푸르트
	퓌센(노이슈반슈타인 성), 베르히테스가덴(켈슈타인하우스)
프랑스	파리, 셰르부르 옥트빌, 몽 생 미셸, 투르, 보르도,
	아비뇽, 아를, 마르세유, 니스
스페인	마드리드, 세고비아, 코르도바, 론다, 네르하,
	그라나다, 알리칸테, 바르셀로나
포르투갈	리스본, 베나길, 파로
모나코	
이탈리아	피사, 피렌체, 나폴리, 소렌토, 포지타노, 아말피,
	시칠리아(체팔루, 에리체, 팔라조 아드리아노, 카타리나,
	타오르미나), 베네치아
오스트리아	비엔나, 뒤른슈타인, 할슈타트, 인스브루크, 브레겐츠
스위스	루체른, 취리히, 룽게른, 그림젤 패스, 체르마트,
	로이커바드, 제네바, 몽트뢰(글리온)
스코틀랜드	에든버러, 피트로크리, 인버네스, 오크니(스트롬네스),
	존 오 그로토, 스카이, 글렌코, 글래스고

발이 멈춘 곳에서 나의 시간은 정지한다.

함께, 다시, 비밀장소

거기엔, 오직 우리만 있었다

포르투갈, 베나길
Portugal, Benagil

He said
누구도 밟지 않은 길, 그 이유만으로도 그곳을 걸을 만한 가치가 충분했다.

존재하지 않는 곳으로의 여행

마트에 가면 두 부류의 사람들이 있다. 한 부류는 늘 먹던 것, 늘 쓰던 것만 고집하는 반면 다른 한 부류는 두 눈을 희번덕거리며 매번 신제품을 찾아 집어 든다. 우리는 절대적으로 후자에 속하는 사람들이다. 익숙함에서 느껴지는 편안함보다는 처음 보는 것, 알 수 없는 것, 새로운 것에 대한 동경과 설렘에 더 크게 반응한다. 세계 여행이라는 큰 결심을 하게 된 것

도 일상에서는 보지 못하고, 경험하지 못하는 것들에 대한 거부할 수 없는 갈망 때문이었다. 처음엔 모든 것이 새로웠다. 하지만 여행이 길어질수록 우리는 조금씩 고개를 갸웃거렸다. 어느새 가이드북에만 의존한 채 앞서간 여행자들의 길을 답습하는 과정을 반복하고 있었던 것이다. 그럴수록 아무도 가지 않은 길에 대한 열망은 더욱 커져만 갔다. 아무도 밟지 않은 새하얀 눈 앞에 선 어린아이의 설렘을 다시 한 번 느끼고 싶었다.

계획에 없던, 아니 이름조차 들어 보지 못했던 '베나길Benagil'로 향하게 된 것은 우연히 보게 된 한 장의 사진 때문이었다. 상상 속에서나 있을 법한 반원형의 해식동굴 안에는 금빛 모래사장이 펼쳐져 있고, 동굴 천장의 한가운데에 동그랗게 나 있는 커다란 구멍 사이로 조각난 하늘이 눈부셨다. 현실에는 존재하지 않을 것 같은 곳, '히든 비치'라는 이름 그대로 어느 바다 위에 숨겨진 신비로운 동굴 속 해변 사진이었다. 우리는 사진 속 그곳이 어딘지 알아내기 위해 한국의 유명 포털 사이트에서 온갖 방법을 동원해 검색했지만 아무런 정보도 찾을 수 없었다. 다행히 구글을 통해 조그마한 단서 하나를 얻었고, 그 다음은 단 한 장의 사진에만 의존한 채 현지인들에게 물어 물어 어렵사리 베나길 근처까지 도달할 수 있었다. 우리가 도착한 곳은 포르투갈의 작고 작은 해변 마을이었다. 사실 마을이라고 부르기조차 힘든 그냥 작은 해변가, 그곳이 바로 우리가 그토록 보고 싶었던 미지의 세상으로 가는 입구였다.

드넓은 바다를 끼고 있는 기암절벽 저 안쪽에 자리 잡은 진짜 목적

지로 가기 위해 우리는 작은 고무보트에 몸을 실었다. 거친 파도와 싸우며 십여 분을 달려 도착한 곳에는 보고 있어도 믿을 수 없는 세상이 펼쳐져 있었다. 사실 마음 한구석에는 '설마 실제로 있는 곳이겠어? 약간의 포토샵 작업을 거쳤겠지.'라는 의심이 살짝 있었는데, 사진 속 모습 그대로 실존하는 동굴이라는 게 증명되자 말로는 표현할 수 없는 감동이 밀려들었다. 동굴 안은 천장에 뚫린 구멍에서 들어오는 햇살로 밝고 화사한 신비로움이 가득 차 있었고, 쉼 없이 밀려들어오는 파도는 고운 모래사장을 끊임없이 정갈하고 반반하게 다듬고 있었다.

어느 누구의 발자국도 기록되지 않은 모래 위에 우리는 첫발을 내딛었다. 보트 주인이 30분 후에 돌아오겠다는 말을 남기고 떠나자 그곳엔 우리만 남게 되었다.

동굴 가운데의 커다란 바위 위로 올라가 손을 뻗고 소리를 질러 본다. "이곳은 우리가 발견한 신대륙이다!" 콜럼버스가 아메리카 대륙에 첫발을 내딛었을 때에도 이런 기분이었을까? 경쾌한 파도 소리와 함께 달뜬 내 목소리가 온 동굴 안에 메아리친다. 입구로부터 불어 들어오는 시원한 바닷바람은 내게 자유를 주고, 머리 위에서 내리쬐는 햇살은 내게 평화를 안겨 준다. 지금 이 순간 무엇이 더 필요하단 말인가! 바위 아래에 쭈그리고 앉은 N양이 도화지 같은 모래사장 위에 정성스럽게 쓴 'T군과 N양의 사랑이여, 영원히!'라는 메시지가 내 눈에는 마치 '아담과 이브의 사랑이여, 영원히!'라고 쓴 것처럼 보였다.

그랬다. 태초의 자연을 여과 없이 간직한 이곳은 아담과 이브를 위한 태곳적 에덴의 해변이었다.

스코틀랜드, 기닝고 성
Scotland, Girnigoe castle

She said
가이드북을 버린 후에야 보이는 세상, 나만 찾아갈 수 있는 여행지!

스코틀랜드, 어디까지 가봤니?

'까먹은 척 현관 앞에 놓고 나갈까?' 한국을 떠나는 날 운동화 끈을 묶으며 진지하게 고민했다. 없으면 아쉽고 있으면 또 냅다 버리고 싶은 준비물, 가이드북이다. 고민에 고민을 거듭하다 결국 첫 대륙인 중남미 편만 챙겨 넣었다. 세상의 땅덩이 중 들으면 알 만한 도시들로만 구성된, 그나마 소개된 도시의 모든 정보는 대여섯 페이지면 끝! 게다가 그중에 반은

눈곱만큼도 매력적이지 않은 사진들이 차지하고 있는 책. 그럼에도 불구하고 가이드북이 손에 쥐어져 있으면 녀석에게 의지하는 나 자신을 발견한다. 사람들 다 가는 곳에 나만 못 가 본다면 뒤처지고 손해 보는 심정이랄까? 한마디로 가이드북 노예로의 전락이다.

중남미를 여행하며 지나간 곳의 페이지들을 조금씩 찢다 보니 어느새 책은 너덜너덜해져 있었다. 에콰도르에서 독일로 넘어가는 날, 마침내 그놈의 계륵 같은 가이드북으로부터 해방! 물론 처음엔 어디로 가야 할지, 무엇을 봐야 할지, 어디서 자야 할지 막막했지만 이내 세상의 길은 한국어 가이드북만이 알려 줄 수 있는 게 아니라는 걸 깨닫게 됐다. 그동안 손에 쥔 책이 밝혀 주는 길이 너무나 확고해서 수천수만이나 되는 샛길들을 그냥 지나쳤다는 사실이 안타까울 뿐이었다.

대신 유럽 여행에선 틈만 나면 구글을 이용해 정보를 검색했다. 현재의 내 위치와 주변 마을을 중심으로 검색된 사진과 영문 블로그들을 살펴보았다. 그러다 눈이 번쩍 뜨이는 멋진 사진을 보면 본격적인 위치 추적에 들어갔다. 장소를 알아내는 데는 구글의 '이미지로 직접 검색하기' 기능이 아주 유용했다. 때론 마을의 인포메이션 센터에 도움을 청하기도 했다. 그래도 알 수 없을 땐 레스토랑이나 기념품 가게, 심지어 지나가는 주민을 붙잡고 캡처한 사진을 보여주며 그곳을 아는지 묻고 또 물었다. 사방팔방을 헤맨 끝에 사진 속 풍경을 직접 마주했을 때에 느낄 수 있는 그 환희와 자부심은 이루 말로 설명할 수가 없다.

가이드북을 버리고 구글 및 현지에서 얻을 수 있는 정보 위주로 방식을 바꾸자 그동안 보지 못했던 세상이 속속들이 보이기 시작했다. 이 책 저 책에서 이미 한 번씩 다 소개해서 식상하기만 한 '나만 알고 싶은 여행지'가 아니라 아직까지 정말 알려지지 않은 곳, 그래서 앞으로도 나만 알고 싶은 숨겨진 여행지들 말이다. 스코틀랜드의 '기닝고 성girnigoe castle'이 그랬다. 인터넷으로 보게 된 한 장의 사진에 매료되어 어렵사리 찾은 곳이다. 소리 나는 대로 표기하긴 했지만 한국어로 된 정식 명칭이 없으니 옳게 쓴 건지 어떤지도 잘 모르겠다. 스코틀랜드 거의 최북단에 위치한 윅Wick이라는 마을의 외곽에 있는 관광지, 아니 이정표 하나 제대로 서 있지 않았던 것 같으니 그냥 폐허가 된 옛 성터 정도라고 하는 게 맞을 것 같다.

한참을 헤매다 이쯤인가 싶어 멈춘 곳은 아찔한 해안 낭떠러지 위였다. 차에서 내려 세차게 불어오는 바닷바람에 대항하며 끝으로 걸어가자 사진에서 보았던 풍경이 눈앞에 나타났다. 이 순간이다, 직선으로 가도 되는 길을 굳이 삐뚤빼뚤 돌아가는 이유. 남들 다 가는 곳에 나만 못 가봤다는 아쉬움보다 남들 못 와 본 곳에 나만 왔노라는 희열이야말로 자유 여행에서 느낄 수 있는 진정한 묘미가 아닐까?

스코틀랜드 특유의 녹색 잔디로 뒤덮인 절벽 위엔 우리밖에 없었다. 매표소도 없고, 관리인도 없었다. 다만, 폐허가 된 성과는 다소 어울리지 않는 일러스트 안내판이 하나 서 있을 따름이었다. 평소 같으면 쳐다

보지도 않았을 그 안내판이 어쩌나 반갑고 기특하던지……. 얼핏 보면 수백 수천 년의 거센 바람과 파도에 의해 절묘하게 깎인 기암절벽 같은데 그게 500여 년 전에 세워진 성벽이라 했다. 성곽의 반 이상이 무너져 있었지만 성문을 지키고 선 군사들, 헐레벌떡 손수레를 끌고 달려가는 상인, 망망대해를 바라보며 우아하게 식사 중인 귀족 등 성 안의 분주한 사람들의 환영이 선명하게 눈앞에 비쳤다. 환영은 곧 활기찬 웅성거림을 동반하였고 주위를 뛰어다니는 어린아이들이 내 다리를 스쳐 시나가는 느낌마저 들었다. 이게 다 입구에서 보았던 아기자기한 일러스트 안내판의 힘이지 싶은 생각에 살짝 웃음이 나왔다. 무미건조한 소개 글이나 하품 나는 역사적 사실로만 빼곡히 열거된 형식적인 안내판이 아닌 방문객의 무한한 상상력을 불러일으키는 위트 넘치는 안내판에 감탄이 절로 나왔다.

터 자체가 그리 넓은 건 아니었지만 무너져 가는 옛 성을 둘러싼 절벽과 바다를 포함한 주변 경관이 가히 일색이었다. 낯설고도 이국적인 풍경에 빠져 두어 시간이 넘게 성 주위를 맴도는 동안 만난 훼방꾼이라고는 똥 싸는 갈매기와 거센 바람이 전부였다. 하얀 물거품을 일으키며 철썩거리는 파도 소리를 제외하고는 주변이 너무나 조용해서 아직 세상에 드러나지 않은 비밀스러운 유적을 내가 방금 최초로 찾아낸 기분마저 들었다. 이 귀한 유적을 보호하기 위한 펜스도, 아슬아슬한 벼랑 끝 다 무너져 가는 현장인데 안전 요원 한 명도 없는 셀프 여행지였지만, 그래서 오히려 더 좋았다. 가이드북엔 없는 곳, 나만 찾아갈 수 있는 곳이라서…….

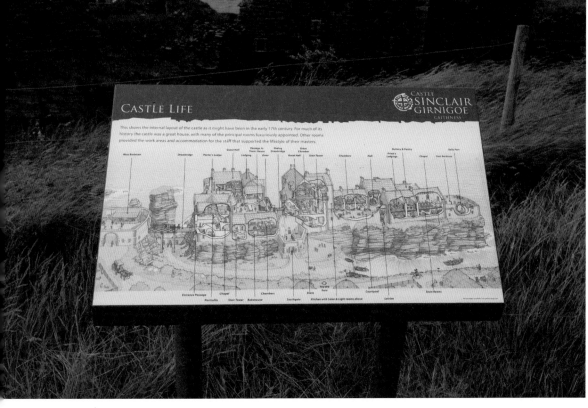

Story

02

함께, 다시, 마을

동화보다 동화 같은, 그림보다 그림 같은

오스트리아, 할슈타트
Austria, Hallstatt

He said
아무리 아름다운 동화도 결국엔 사람에 의해 써지는 것처럼
천혜의 아름다운 동화 마을도 사람들의 손에 의해 만들어진다는 사실!

동 화 속 마 을 은 스 스 로 만 들 어 지 지 않 는 다

산굽이를 돌아 마을 어귀로 들어서자 수정처럼 투명한 호수가 가장 먼저
낯선 이를 반겼다. 깎아 세운 듯 세모난 산들로 둘러싸인 작은 마을 한쪽
엔 마을의 상징인 양 시계 첨탑이 우뚝 솟아 있었다. 첨탑 앞에는 가장 먼
저 우리를 반겨주었던 아까 그 거울 같이 맑은 호수가 펼쳐져 있고, 일렁
이는 호수 속에는 청아한 산들과 평화로운 하늘이 담겨 있었다. 멋들어진

자연 풍경과 언덕 위 늘비하게 지어진 집들이 만들어내는 하모니는 모든 이들이 가슴속에 간직해 온 동화책 속 마을을 재현해 놓은 듯 마냥 아름다웠다.

그런데 유독 창문 사이로 내걸린 알록달록한 꽃들이 비현실적으로 탐스럽고 싱싱해 보였다. 무진장 잘 만들어진 조화가 아닌가 싶어 가까이 다가가 살펴보니 모두 촉촉한 생기가 넘치는 생화가 아닌가! 난 너무나 의아해서 바로 옆에 있는 기념품 가게로 달려가 다짜고짜 주인에게 물어보았다.

"이 마을 꽃들은 시들지도 않고, 언제나 저런 모습인가요?"

"세상에 그런 꽃이 어디 있겠습니까? 아침, 저녁으로 하루 2~3시간씩은 손수 관리를 하지요. 그렇지 않으면 바로 시들어 버려요. 매일 물을 주고 어루만지며 꽃과 대화하고, 꽃들의 마음을 알아줘야 해요."

"아!"

짧은 깨달음. 그들이 열과 성을 다해 마을의 꽃을 가꾸는 건 그리고 그 꽃들에 의해 이토록 아름다운 동화 속 마을이 꾸준히 유지될 수 있는 건 자기가 살고 있는 마을을 사랑하고, 내 꽃을 사랑하고, 스스로의 삶을 사랑하는 만족감에서 비롯된 것임을.

'할슈타트Hallstatt의 자연 환경이 우리에게 주어졌다면 어떠했을까?' 라는 생각을 해보았다. '개발'이라는 취지 아래 '효율'이라는 잣대를 들고 오로지 현세대만을 위한 근시안적 '안목'이라는 명목으로 난도질하지 않

았을까? 이곳의 사람들이 천혜의 자연을 받았음을 부러워만 할 것이 아니라 그들의 삶에 대한 자세를 먼저 배워야 할 것 같다는 생각이 들었다. 오랜 기간 여행을 하다 보면 신이 내린 선물은 그것을 받을 자격이 있는 이들에게만 주어진다는 사실을 어렴풋이 알게 된다. 그래서 멋진 자연 앞에선 늘 그곳에 거주하는 사람들의 삶을 엿보게 되는지도 모르겠다.

천천히 마을을 한 바퀴 둘러본 후 작은 광장에 앉아 지나가는 마을 사람들의 얼굴을 가만히 바라보았다. 그들에게는 서울 거리를 걷는 사람들에게서는 찾아볼 수 없는 '이것'이 있었다. 바로 평화로운 이 마을과 닮아 있는 온화한 미소, 아름다운 자연과 융화를 이루며 오랫동안 동화 마을을 지켜온 이들에게 어울리는 아름다운 미소였다. 자연을 이기려 하지 않고 공존하며 걸어온 그들의 삶이 녹아든 할슈타트가 동화 마을이라 불리는 건 어쩌면 너무나도 당연한 일이리라!

스페인, 네르하
Spain, Nerja

She said
"왕자와 공주는 오래오래 행복하게 잘 살았답니다……."
더 이상 동화 속 행복한 결말을 믿지 못하는 의심 많은 당신에게

로맨틱 블루의 스페인을 만나다

나라마다 고유한 색이 존재한다면 정열의 스페인은 필시 짙고 화려한 붉은색일진대, 세상천지에 이토록 말갛고 푸른 스페인이라니!

스페인 남부에 위치하였으며 피카소의 생가로도 유명한 말라가 시내 구경을 마치고, 우리는 사랑스러운 렌터카 '까슈'에 올랐다. 동쪽으로 동쪽으로 달리는 길, 차창 밖으로 내리쬐는 강렬한 태양 아래 하얗게 반

짝이던 건 스페인 여행 중엔 기대도 않고 있던 '바다', 눈이 시리도록 푸른 바다 위 새하얀 파도 거품이었다. 왜 난 스페인에서 바다를 볼 수 있다는 생각조차 하지 않았던 걸까? 프랑스에 코트다쥐르 해안이 있다면 이탈리아엔 아말피 코스트가 있고, 스페인엔 코스타 델 솔^{Coasta del Sol}(태양의 해변)이 있는데 말이다. 세 지역의 공통점이라면 유럽 문명의 모태로 유럽 문명의 어머니라 불리는 보석 같은 지중해를 끼고 있다는 점이다. 그중에서도 스페인의 코스타 델 솔은 안달루시아 지방의 코발트블루 빛 지중해와 닿아 있는 해안 도로를 일컫는다.

우리는 코스타 델 솔의 동쪽 끝자락에 위치한 네르하^{Nerja}로 가던 참이었다. 네르하와 가까워지는 동안 난 살며시 눈을 감고 하얀 도화지를 가로지르는 기다란 수평선을 하나 그었다. 수평선 아래는 코발트블루의 깊은 바다가 넘실거리고, 위로는 스카이블루의 말간 하늘이 펼쳐져 있다. 도화지의 한쪽 귀퉁이에는 깎아지른 듯한 기암괴석을 그려 넣고, 티 없이 맑은 하늘엔 몽글몽글 뭉게구름, 마지막으로 동그란 몽돌이 깔린 거리 양쪽에 새하얀 집들을 그려 넣으면 푸른 동화 속 하얀 마을 완성. 내가 상상할 수 있는 네르하는 거기까지, 딱 거기까지였다.

세상에 정말 존재할까 싶은 상상 속 하얀 동화 마을이 잠시 후 내 눈앞에 펼쳐졌다. 아니, 실제 네르하는 상상 그 이상이었다. 훨씬 더 자유롭고 여유로웠으며 활기가 넘쳤다. 왜일까? 유럽의 발코니라 불리는 네르하의 광장 벤치에 걸터앉아 눈앞의 풍경을 찬찬히 응시하고 있으려니 그

이유가 보였다. 상상 속에선 미처 그려 넣지 못한 '등장인물'들이 눈에 들어온 것이다. 기타 치는 거리의 젊은이, 대담하고 솔직한 어린 연인들, 젊은 부부와 재간둥이 아이들의 깔깔거리는 웃음소리에 내 입가에도 미소가 한가득 배어들었다. 또한, 황혼을 위한 유명 휴양지답게 개중 가장 많은 수를 차지한 배역은 백발이 성성한 할아버지와 원피스, 가끔은 비키니를 곱게 차려입은 할머니들이었다. 상상과 현실의 차이점은 바로 '활기차고 여유로운 사람들', 그 자유에 있었다.

그런데 네르하의 등장인물 중 가장 많은 수를 차지하는 이 어르신들! 여기저기서 물고 빨며 대담한 스킨십을 시도하는 어린 연인들보다도 더욱 강한 문화적 충격을 내게 안겨 주는 게 아닌가? 우선 할머니들이 입고 있던 가슴이 훅 파인 야한 원피스와 알록달록 화려한 비키니. 우리나라였다면 저 할머니 노망난 거 아니냐며 수군거리기에 바빴을 테지만 이곳에선 당당하고도 당연한 네르하 스타일일 뿐이었다. 다음으로 마치 영화의 한 장면처럼 내 눈 가득 클로즈업된 할아버지와 할머니의 연륜 가득한 두 손. 그 손들은 마주 잡고 있었다. 누가 시킨 것도, 누군가에게 보여 주기 위함도 아닐 텐데 다들 두 손을 꼭 잡은 채 걷고 있었다. 살면서 좀처럼 보기 힘든 광경에 나는 조금 어색했지만 절대 남세스럽지도 부끄럽지도 않았다. 다소 충격적이었지만 너무나 부러운 광경이었다.

어렸을 땐 동화 속 사람들은 항상, 영원히 행복할 줄 알았다. 시간이 흘러 사람 사는 게 생각처럼 그리 호락호락 쉬운 게 아니라는 걸 알게

되면서부터 이야기의 마지막 장면이 "왕자와 공주는 오래오래 행복하게 잘 살았습니다."라고 끝나면 꼭 토를 달게 되었다. "평생 이혼 않고 돈 걱정, 자식 걱정 안 하고 잘 살았는지 어떻게 알아?" 이토록 의심 많은 어른이 된 내게 보여준 네르하식 엔딩은 평소 동화책에서 배운 것과는 많이 달랐다. "이 아름다운 세상에서 당신과 나, 두 손 꼭 잡고 늙어간다면 그것만큼 동화 같고 행복한 일이 또 어디 있겠소!" 더 이상 동화 속 행복한 결말을 믿지 않게 된 내게 동화보다 더 동화 같은 진짜 인생의 결말을 보여준 것이다.

　　정열의 스페인은 짙은 빨강인 줄로만 알았다. 그런데 깊고 단단한 신뢰를 지닌 사랑의 스페인은 푸르디푸르게 빛날 수 있다는 걸 알게 된 날이었다. 네르하의 깊고 푸른 바다와 같이 빛나는 저들처럼 말이다.

누군가는 많은 것을 보고 싶어 여행을 떠나고,
누군가는 아무것도 보고 싶지 않아 여행을 떠난다.
누군가는 어떤 이를 만나기 위해 여행을 떠나고,
누군가는 어떤 이를 잊기 위해 여행을 떠난다.

Story
03

함께, 다시, 골목

이 골목 끝엔 뭐가 또 있을까

프랑스, 생말로
France, Saint-Malo

He said
직진 인생, 과연 즐거울까?

헤매는 즐거움을 아는 자

어릴 적 소풍의 하이라이트는 보물찾기였다.

엄마의 김밥으로 배를 채운 아이들이 선생님의 출발 신호를 기다린다. 시작을 알리는 호루라기 소리에 아이들은 와르르 흩어진다. 떨어진 나뭇잎 아래에 있을까, 부러진 나뭇가지에 매달려 있을까 이리저리 눈동자를 굴려본다. 제 머리통만 한 돌을 들어 보기도 하고, 봄 햇살에 바싹 마른 흙을

파헤쳐 보기도 한다. 여기저기서 들리는 환호성에 내 마음도 바빠진다. 마침내 커다란 바위 틈새에서 종이 한 장을 찾아낸다. 꺼내어 펼쳐 보니 '은하수'라는 뜻 모를 단어.

사실 무슨 선물이었는지는 기억나지 않는다. 다만, 온 숲에 울려 퍼지던 친구들의 웃음소리와 하얀 보물 쪽지를 찾았을 때의 그 설렘 만큼은 아직도 또렷하다. 그날, 참 햇살 좋은 날이었다.

한때 '해적들의 도시'로 불리던 '생말로^{Saint-Malo}'엔 수십 개의 좁고 긴 골목들이 뒤엉켜 있다. 적들이 침입했을 때 효율적으로 막아내기 위해서다. 내 손에는 복잡한 골목들 사이를 친절히 안내해 줄 지도가 쥐어져 있지만 오늘은 이 지도를 볼 생각이 없다. '이 골목 끝엔 무엇이 있을까, 또 그 골목을 돌면 어떤 길이 이어질까?'하는 설렘을 갖고 그저 발길 이끄는 곳으로 따라가리라!

마을 입구의 작은 광장에서 시작되는 여러 갈래의 골목길들은 뚜렷한 목적지를 알려주지도 않은 채 얼른 들어오라며 우리에게 격한 손짓을 보낸다. 그중 한 골목을 따라 걷다 보니 좁은 골목 양쪽으로 테라스가 돋보이는 유럽의 카페들이 늘어서 있다. 오래간만에 보는 유화 같은 풍경에 연신 카메라의 셔터를 누르면서 골목 끝 모퉁이를 돌자 딱 봐도 100년은 넘었을 것 같은 서점이 눈에 들어온다. 삐걱거리는 문을 열고 들어서자 서점만큼이나 오래된 책들이 천장까지 층층이 쌓여 있다. 낡은 책 냄새에 취해 그중에 한 권을 꺼내들자 창가로 들어오는 햇살에 하얀 먼지가 부서져 내린다. 창문 밖에는 알록달록한 마카롱들이 전시된 마카롱 전문 가게가 보이고, 어느새 빠져나가 한입 가득 마카롱을 물고 있는 N양도 보인다. 입 안에서 부드럽게 녹아내리는 거부할 수 없는 마카롱의 유혹에 내 온몸의 엔도르핀도 급격히 상승한다.

이 골목 저 골목을 헤매다가 정신을 차려 보니 마을 중앙의 큰 광장으로 빠져나와 있다. 6월의 기분 좋은 오후 햇살을 즐기는 사람들 틈을 지나 우리는 또다시 반대편 골목으로 내달려 본다. 자, 보물찾기 2라운드 시작! 애초에 목적지는 없다. 그저 한 치 앞을 알 수 없는 이 즐거운 헤맴을 즐길 뿐. 이번 골목에는 작은 소품 가게들이 모여 있다. 도자기로 만든 예쁜 고양이 조각이 쇼윈도 속에서 제일 먼저 날 반긴다. 아아, 갖고 싶은 것을 모두 살 수 없는 슬픈 여행자의 신세여! 들었다 놨다를 수차례 반복하고서야 조각상을 놓아준다.

떨어지지 않는 발걸음을 겨우 옮겨 뒤돌아서자 이번에는 작은 갤러리다. 한 번도 들어 본 적 없는 어느 이름 모를 화가의 유명하지 않은 작품들이지만 나중에 우리 집에 걸어두면 오늘이 생각날 것 같은, 6월의 프랑스 햇살 같이 따뜻한 그림들이다. "미안, 사정상 살 수는 없지만 널 기억 속에 담을게." 주인에게 양해를 구하고 누른 카메라의 셔터 소리와 함께 마음 깊이에 그림을 담아 뒤돌아선다.

생말로, 지나가다 우연히 들른 마을이었다. 낯선 프랑스의 한 마을에서 오래간만에 느껴보는 보물찾기는 설레고 즐거웠다. 비록 내 손 안

에 쥐어진 보물은 하나도 없지만 눈으로 담은 수십 개의 보물들이 가슴속
한편을 가득 채웠다.

오늘, 햇살 참 좋았다.

이탈리아, 베네치아
Italia, Venezia

가끔은 혼자만의 시간이 필요해

우리가 머물던 캠핑장에서 베네치아 본섬으로 들어가는 방법은 세 가지가 있었다. 가장 쉬운 방법은 렌터카를 이용하는 거였지만 주차비 감당이 안 돼서 제외, 두 번째는 캠핑장에서 출발하는 페리 타기. 하지만 이것도 둘이 합쳐 왕복 26유로가 필요하므로 가난한 배낭여행자가 이용하기에는 무리. 마지막 방법은 캠핑장에서 렌터카로 약 5분 거리에 있는 호텔에

몰래 주차를 한 후 투숙객인 양 그곳에서 출발하는 셔틀버스를 타는 것이었다. 당연히 우리는 세 번째 방법을 택하였고, T군은 오늘도 잔머리를 굴려 돈을 아꼈다며 한껏 의기양양해 있었다.

그런데 버스가 출발한 지 얼마 지나지 않아 내 머릿속에 불길한 예감 하나가 스쳐 지나갔다. 부랴부랴 나오느라 손빨래 후 젖은 옷을 충전 중인 노트북 옆에 그대로 두고 온 것 같았다. 만에 하나 누전되어 화재가 나거나 그렇지 않더라도 노트북이 고장 날 수 있는 상황이었다. "저기……." T군에게 자초지종을 설명하자 그의 얼굴도 어두워졌다. 이런 찜찜한 마음으로는 도저히 오늘 하루를 즐길 수 없을 것 같아서 두 번째 베네치아 방문인 내가 캠핑장에 다녀오기로 했다.

하지만 난 운전을 할 줄 모르기에 페리를 타는 수밖에 없었다. 약속 장소를 정해 2시간 후 다시 만날까도 생각해 봤지만 복잡한 베네치아의 골목길을 뚫고 약속한 장소에 제시간에 도착할 자신이 없었다. 결국 오늘은 각자 자유롭게 둘러본 후 저녁에 호텔 주차장에서 다시 만나기로 했다.

우리나라의 버스 정류장과도 같은 베네치아의 수많은 승선장 중 캠핑장으로 가는 승선장을 찾는 것은 생각보다 쉽지 않았다. 뙤약볕에 땀을 뻘뻘 흘리며 묻고 또 묻고, 같은 골목길을 수십 번 헤매고 또 헤맨 끝에야 도착한 승선장. 하지만 안타깝게도 한 시간에 한 번씩 있는 배가 막 떠난 직후여서 초조하게 한 시간을 더 기다린 후에야 무사히 캠핑장에 도착

할 수 있었다.

캠핑장 상황은? 평온했다. 너무나도 평온했다. 노트북은 충전이 완료되어 녹색 불이 반짝였고, 빨래는 꼭 짜여 한쪽 벽에서 잘도 마르고 있었다. 갑자기 엄마가 생각났다. 외출할 때면 늘 허둥대며 가스불은 잠갔는지, 창문은 닫았는지, 문단속은 제대로 했는지 한 번은 꼭 다시 집으로 돌아가 확인하시던 엄마가 생각나 피식 웃음이 나왔다. 사태는 그렇게 허무하게 끝이 났지만 덕분에 본섬으로 돌아온 내 마음은 한결 편안하고 가벼워졌다.

그러자 참 간사하게도 아까는 방해 공작 같아 짜증나기만 했던 복잡한 골목들이 이번엔 저 끝자락 어딘가에서 희귀한 보석이라도 발견할 수 있을 것 같이 흥미로워 보였다. 예전에 왔을 때 이미 유명한 관광지들은 다 둘러보았기에 오늘은 그냥 골목골목을 탐험하고 싶었다. 베네치아의 골목길은 '탐험'이라는 말이 참 잘 어울린다. 미로를 품은 미지의 세계 속에서 무언가 반짝이는 걸 발견할 수 있을 것만 같은 기대감. 아니, 기대감은 현실이 된다. 베네치아의 곳곳에서는 정말 보석 같은 가게들을 만날 수 있기 때문이다. 게다가 이럴 때면 은근슬쩍 옆에서 눈치를 주는 T군도 없다니! 공기 좋은 대자연을 걷는 것도 좋지만 여자들에겐 때론 도시의 거리, 쇼핑의 이 순간이 더 행복하고 낭만적이라는 걸 T군은 알까?

나는 물 만난 물고기처럼 파닥거리며 베네치아의 골목길을 누볐다. 오래된 골목길의 오래된 건물에서 파는 명품들이 오늘따라 더 가치

있고 진귀해 보였고, 오래된 골목길의 오래된 건물에서 파는 수공품에서는 장인의 숨결이 고스란히 느껴졌다. 소소한 기념품마저 저마다의 사연을 하나씩 간직하고 있을 것만 같게 하는 신비한 힘을 가진 베네치아의 오래된 골목, 그리고 건물들……. 그 사이를 발길 닿는 대로, 마음 끌리는 대로 걷는 게 좋았다. 관광객이 많으면 많은 대로 볼거리가 몰려 있어 좋았고, 적으면 적은 대로 여유로워서 좋았다. 딱히 정해 놓은 목적지가 없으니 헤매고 또 헤매도 괜찮았다. 나 같은 길치가 이 길이 맞는지 틀렸는지 고민하지 않아도 돼서 좋았다.

실컷 아이쇼핑을 마친 후 난 5,000원짜리 하늘거리는 하얀색 드레스를 하나 샀다. 그리고 가게를 나서는 순간 일어난 믿을 수 없는 일, 그 복잡한 베네치아 골목길에서 만난 T군.

"오늘 하루 어땠나요? 난 오늘 최고로 자유로웠어요. 즐거웠고요. 우린 가끔 혼자만의 여행이 필요해요!"

Story

04

함께, 다시, 트레킹

어떤 길을 선택해도 괜찮아

스코틀랜드, 글렌코
Scotland, Glencoe

He said
목적을 달성하는 것만이 성공은 아니다.

드넓은 초원으로의 초대

난 산에 오르는 것을 좋아하지 않는다. 천성이 게으른 탓에 몸 움직이는 것을 싫어하기도 하거니와 다시 내려와야 할 꼭대기를 향해 숨 가쁘게 올라야 하는 것도 썩 내키지 않기 때문이다. 근데 또 정상에 도달하지 못하면 나만 낙오자가 된 것 같은 느낌이 들어서 하이킹은 아예 시도조차 하지 않았다.

그럼에도 불구하고 스코틀랜드에서의 하이킹은 힘들지만 해야만 하는, 여행자에겐 흡사 필수 과목 같은 것이다. 그곳의 대자연을 만끽할 수 있는 가장 좋은 방법으로 하이킹만 한 게 없다는 의견에 일언반구 반박할 여지가 없다는 걸 잘 알기 때문이다.

정오가 지난 즈음 글렌코^{Glencoe}에 다다랐다. 눈앞엔 세 개의 봉우리가 우뚝 솟아 있었다. '감히 이곳을 오르겠다고? 어림도 없는 소리!'라고 비웃으며 우리를 내려다보고 있는 그 유명한 쓰리 시스터즈, 일명 거대한 세 자매 봉우리는 하이킹 초보인 우리들을 주눅 들게 하기에 충분했다. 그렇다고 멈출 수는 없었다. "그래, 해보자! 앞만 보고 걷다 보면 언젠가 다다르겠지." 해가 더 넘어가기 전에 가려니 마음만 더 급해졌다. 난 트레킹화의 끈을 단단히 조여 매고 걷기 시작했다.

얼마나 지났을까? 오르고 또 올라 초원 지대로 들어서고도 한참이 지났지만 당최 시간이 흐르고 있긴 한 건지 분간이 안 되기 시작했다. 워낙 망망한 풍경 탓에 걸어도 걸어도 제자리인 것만 같았다. 산 입구에서 봤던 풍경들도 함께 걸어온 건지 주변은 여전히 그대로였다. 아차차! 앞만 보고 무작정 덤벼든 하이킹, 저 꼭대기는 오늘 내가 반드시 정복하고야 말겠다는 무거운 욕심에서 시작한 것부터가 잘못이었다.

장기 여행에서 배운 것 중 하나가 포기할 건 깨끗이 포기하자 아니었던가? 애초에 허락되지 않은 것을 부둥켜안고 걷는 인생길이 얼마나 힘든지 여행을 통해 간간이 깨우쳤는데도, 습관적인 나의 욕심은 여전히 멀

지 않은 곳에서 서성이고 있었나 보다. '내려놓자. 가능한 곳까지만 가 보자!'라고 생각을 바꾸니 발걸음이 조금은 가벼워진 듯했다. 앞으로만 고정되어 있던 시선을 옆으로 뒤로 돌리자 보이지 않던 것들이 보이기 시작했다. 그루터기에 자리 잡은 촉촉한 풀잎들도, 그 위를 맴도는 작은 생명체들도 모두 대지를 함께 걷는 친구가 되었다. 잠시 숨을 고르기 위해 걸터앉은 바위 하나도 단순히 시간을 허비하고 돌아서는 공간이 아닌, 내 체취가 남은 추억의 쉼터가 되었다. 아까부터 흩뿌리던 궂은 날씨 속 실비도 산행을 방해하는 훼방꾼이라기보다는 자연의 다채로움을 알려주는 조물주의 모습으로 다가왔다. 오늘의 목표 지점은 우리의 발길이 멈추는 곳…….

어쩌면 우리는 너무 앞만 보고 살아가는지도 모르겠다. 정해져 있는 인생의 목표를 향해 달려가는 길이 외롭고 고달픈데도 숙명인 양 그 길만을 고집한다. 빨리 간다고 해서, 멀리까지 간다고 해서 많은 것을 보는 것은 결코 아닐 텐데, 뒤처질세라 앞을 향해 열심히 걷고 또 걷는다. 갈 수 있는 곳까지만 가 보면 어떨까? 내일을 바라보기보다 오늘을 둘러보면 우리 삶이 좀 더 여유로워지지 않을까 생각해 본다.

스위스, 체르마트
Switzerland, Zermartt

She said
골라 걷는 재미가 있는 곳,
365일 같은 코스를 고른다 해도 단 하루도 같은 풍경을 볼 수 없는 곳!

어떤 길을 선택해도 다 괜찮아

세계 여행을 시작하고서 얼마 지나지 않았을 때다. 함께 스페인어를 배우
던 학원 내 학생들과 교외 활동으로 과테말라 산 페드로의 화산을 올랐
다. 학생이라고는 하지만 대부분 40대에서 60대 정도의 어르신들이었기
때문에 무리 중엔 우리가 가장 젊고 팔팔했다. 자신만만하게 선두에 서서
오르기 시작했지만 곧 한 사람 한 사람에게 추월을 당했고, 30분쯤 지나
자 우리 뒤에는 딱 한 사람밖에 남지 않았다. 그러나 묵묵히 뒤따라오던

그 한 명, 믿었던 가이드마저 '길은 하나밖에 없으니 길만 따라 쭉 올라오면 된다'는 말만 남기고 우리를 버리고 말았다. 남들은 3시간이면 거뜬히 오르는 산이었지만 우리 부부는 죽을힘을 다해 4시간을 넘겨서야 겨우 정상에 도착할 수 있었다. 그날 이후로 누구를 탓할 것도 없이 하이킹이라면 둘 다 고개를 절레절레 흔들며 지레 포기하곤 했다.

이랬던 우리가 다시 하이킹을 해볼 용기를 낸 곳이 체르마트^{Zermatt}다. 체르마트엔 휘발유 자동차가 들어갈 수 없기 때문에 마지막 길목인 태쉬^{Tasch}의 공용 주차장에 그동안 우리의 두 다리가 되어준 렌터카를 맡겼다. 이제 믿을 건 다시 내 두 다리뿐……. 2박 3일 동안 지낼 짐을 꾸린 후 체르마트로 들어가는 유일한 수단인 기차에 올랐다. 태쉬에서 체르마트까지는 기차로 약 10분. 체르마트 역에 도착하자 예약했던 호텔에서 나온 기사 아저씨가 앙증맞은 전기 자동차로 산자락 바로 아래의 숙소에 우리를 데려다주었다. 호텔 로비에 들어서자 가장 먼저 눈에 들어온 것은 커다란 통유리 너머 우뚝 솟은 마터호른이었다. 우린 체크인하는 것도 잊은 채 그 자리에서 얼음이 되었다. 솔직히 이 정도로 숨 막히게 멋있을 줄은 생각도 못했다.

체르마트에서의 첫날 밤, 누워서도 계속 아른거리는 장엄한 마터호른의 품으로 조금 더 가까이 달려 들어가고 싶은 마음과 그 힘든 하이킹에 다시 도전해야만 한다는 부담감이 동시에 밀려들어 오래간만에 포근한 침대에 누웠으면서도 계속 탄식만 해대느라 잠을 설쳤다.

지난밤 땅이 꺼질 듯 내쉬었던 나의 한숨과 걱정은 다음 날 오전 인포메이션에 들러서 받은 안내 책자 한 권으로 싹 해결되었다. 책자에는 초급 코스부터 중급, 고급 코스까지 50여 가지가 넘는 하이킹 경로가 자세히 안내되어 있었고, 각 코스는 케이블 철도, 케이블카, 산악 기차 등 각종 교통수단이 긴밀하게 연결되어 있었다. 각자의 체력 수준에 맞춰 선택하면 되므로 우리는 난이도가 그리 어렵지 않은 5대 호숫길을 골랐다. 산중턱에서부터 시작하는 코스였지만 두려울 게 없었다. 케이블 철도와 케이블카를 번갈아 타며 5대 호숫길의 시작점인 블라우헤르드Blauherd까지 땀 한 방울 안 흘리고 이동할 수 있었기 때문이다.

그러나 블라우헤르드에 내리니 아쉽게도 지난밤에 보았던 그 웅장한 마터호른은 회색 구름에 가려져 온데간데없이 사라지고 없었다. 잔뜩 기대했던 웅장함 대신 눈에 띈 것은 발아래의 작은 들꽃과 하얀 돌멩이 그리고 푸른 초원 위 귀여운 양떼들이었다. 마터호른 봉우리는 잠시 잊고 눈앞의 아기자기하고 평화로운 풍경에 흠뻑 취해 있는데, 저 멀리서 언제 그랬냐는 듯 다시금 위엄을 드러내는 거대한 마터호른! 산악 지대답게 시도 때도 없이 바뀌는 날씨 덕분에 하이킹 내내 수시로 변하는 눈앞의 풍경을 바라보는 재미가 쏠쏠했다.

이미 산 중턱에서 시작한 하이킹이라선지 숨이 턱까지 찰 만큼 힘든 구간은 다행히 거의 없었다. 다른 일행이 재촉하며 기다리고 있는 것도 아니고, 정해진 시간이 있는 것도 아니기에 하이킹을 시작하자마자 보이는 첫 번째 호수인 슈텔리제Stellisee에서부터 한참을 여유롭게 쉬며 즐기다가 두 번째 호수인 그린드예Grindjesee에서 또 쉬고, 조금 걷다 풍경이 아름다우면 멈춰 서고, 바람이 좋으면 풀밭에 누웠다 걷기를 반복하며 나아갔다. 갑자기 메마른 공사장이 나타나서 당황(알고 보니 우리가 하이킹을 갔던 즈음에 세 번째, 네 번째 호수 주변 공사가 진행되고 있었다)했지만 다행히도 우리가 걷던 그 길 위에서 화살표가 열 갈래쯤 뻗어 있는 표지판을 하나 발견할 수 있었다. 사방으로 뻗어 있는 노란색 화살표들은 잠시 목적지를 잃고 헤매는 내게 어느 길을 선택해도 다 괜찮을 거라고 말해주는 것 같았다.

원하면 언제든지 코스를 바꿔 걸을 수 있다는 점이 내가 체르마트 하이킹을 추천하는 이유다. 체력과 시간의 여유가 있다면 계획했던 것보다 조금 더 걸어도 되고, 힘이 들면 중간에 케이블카를 타고 내려와도 좋다. 봄, 여름, 가을, 겨울은 물론 365일 같은 코스를 걷는다 해도 단 하루도 똑같은 풍경을 볼 수 없을 것 같은데, 선택할 수 있는 코스 또한 무궁무진 다양하니 평생을 체르마트에서 머물며 하이킹을 즐겨도 질리지 않을 것 같다. 유럽 여행을 다시 오게 된다면 백 번이고 다시 들르고 싶은 곳, 그곳이 체르마트다.

사랑
LOVE

함께, 다시, 섬
여행 중 떠나는 또 다른 여행

이탈리아, 카프리 섬

Italia, Capri

He said
카프리에 취하다, 카프리 섬에 취하다.

천 국 의 휴 양 지 에 서 보 내 는 하 루

고백한다. 나는 사실 맥주 맛을 모른다. 알코올이 조금이라도 몸에 들어갔다 하면 생긴 것 답지 않게 몸 전체가 피가 나듯 벌게지는 탓에 세상의 모든 술이 나와는 상극이다. '스포츠 관람에는 역시 치맥'이라는 말에 반기를 들며 '치콜(치킨과 콜라)'을 외쳤고, 누군가 그 비싼 위스키를 선물로 건네면 나도 모르게 인상을 찌푸리기 일쑤였다. 그런데 이런 내가 젊은 시절부터 유일하게 마셔 온 맥주가 있다. 바로 '눈으로 마시는 맥주, 카프리' 다. 센스 있는 광고 카피답게 날씬하고 투명한 병에 담긴 황금색의 맥주는 나의 시선을 사로잡기에 충분했다. 애주가들은 다소 가볍고 묽은 농도인 카프리가 무슨 술이냐고 비웃겠지만, 그게 뭐 어때서? 술이 약한 내가 기분 좋게 취할 수 있는 단 하나의 맥주인데…….

카프리라는 상표명이 내가 향하고 있는 이 섬에서 유래된 것인지 아니면 단지 우연의 일치인지는 사실 잘 모르겠다. 그렇지만 그곳에 가면 내가 꿈꾸는 낙원의 모습을 볼 수 있을 것 같다는 막연한 기대감이 있었다. 카프리란 이름을 입속에서 되뇌는 것만으로도 기분 좋은 취기를 느끼는 것처럼.

카프리Capri의 한낮은 눈부시게 화창했다. 전망대 아래엔 코발트색 바다가 펼쳐져 있었고, 위로는 바다보다 더 푸르른 하늘이 끝도 없이 펼쳐져 있었다. 바다와 하늘이 맞닿은 맑고 청명한 푸른 공기 속에는 손바닥 위에라도 올려놓을 수 있을 만큼 작고 아름다운 천공의 섬들이 둥둥 떠 있었고, 섬 사이사이를 메운 수백 척의 요트들은 마치 천공의 휴양지로 들어가는 티켓을 사기 위해 줄을 서 있는 것 같았다. "이곳이 바로 천국의 입구구나!" 수평선 너머, 천국으로부터 내리쬐는 강렬한 햇살에 눈이 멀 것만 같지만 싫지 않은 기분이었다. 지그시 햇무리를 바라보다가 전망대의 난간에 기대어 절벽 아래로 눈길을 거두었다. 아찔한 해안 절벽 사이로 난 좁은 산책길은 지중해 바다 위 천국의 문턱까지 이어져 있었다.

이제, 푸른 동굴을 만나러 갈 시간이 되었다.

　　푸른 동굴로 들어가기 위해서는 다닥다닥 몸을 붙여 겨우 4명 정도 앉을 수 있는 나룻배를 이용해야만 했다. 동굴의 입구가 워낙 낮고 좁아서 큰 배로는 도저히 접근할 수 없기 때문이었다. 일행 모두가 포개진 채 완전히 눕다시피 상체를 뒤로 젖혀서야 미끄러지듯 동굴 입구를 통과할 수 있었다. 생각보다 넓은 동굴 안은 온통 황홀한 푸른빛으로 휘감겨 있었다. 푸른 반딧불이들이 어두운 동굴을 활개치고 날아다니듯 동굴 전체에 푸른빛이 감돌았다. 말 그대로 사방이 푸른 세상이었다. 여기저기서 뱃사공들의 노랫가락이 들려왔다. 단체로 부르는 〈오! 솔레미오〉가 동굴 안에서 끊임없는 메아리가 되어 울려 퍼지자 주체할 수 없는 감동이 나를 푸른 바닷속으로 밀어 넣었다. 동굴 안에서 수영을 즐기는 이는 나뿐만이 아니었다. 어느 누가 이 투명한 아름다움에 몸을 담그지 않고 버틸 수 있을까?

　　천국에 휴양지가 있다면 어떤 모습일까? 눈부시게 황홀한 푸른빛이 주위를 온통 휘감고 있지 않을까? 새하얀 구름 속엔 아기자기한 작은 섬들이 떠 있고, 섬 사이사이로 푸른 반딧불이들이 끊임없이 날아다니리라. 강렬한 태양빛에 달콤하게 익은, 상큼한 레몬 음료를 들이켜며 하늘빛을 닮은 바다를 하염없이 바라보고 있으리라. 단언컨대 지구상에서 천국의 휴양지를 가장 닮은 곳을 꼽으라면 누가 뭐래도 바로 카프리 섬이다.

이탈리아, 부라노 섬
Italia, Burano

———————

She said
돌아서고 싶은 곳에서 딱 한 걸음 더 나아갔을 때부터가 진짜 여행이다.

잃어버린 여행의 설렘을 찾아서

생각만으로도 가슴이 콩닥거리고 입가엔 한가득 미소가 번지는, 꿈만 꾸
어도 행복한 단어, '여행.' 그러나 한국을 떠나온 지 어언 9개월이 지난 우
리에게 행복한 단어를 묻는다면 그 단어는 '일상, 그 그리움'이 되겠다. 낯
선 침대에서 일어나 또 낯선 도시를 여행해야 하는 장기여행자에겐 퇴근
후 친구들과 기울이는 소주 한 잔이, 그리고 술에 취해 들어가는 익숙한

집 앞 골목길이 가끔 얼마나 그리운지 모른다. 우리가 함께 여행한 대부분의 날들은 춤을 추듯 즐겁고 꿈을 꾸듯 행복했으나 문제는 둘 중 한 명에게만 불쑥 찾아오는 여행 매너리즘에 있었다. 매너리즘에 빠진 한 명이 여행에 대한 의욕을 싹 잃은 채 새로운 것을 봐도 시들, 그 어떤 맛있는 걸 먹어도 시큰둥해 있으면 다른 한 명 역시 여행에 영 집중을 할 수 없기 때문이다. 그리고 그건 나보다 훨씬 예민하고 섬세한 감정을 지닌 T군이 자주 앓곤 했는데, 마치 향수병 같기도 하고 우울증 같기도 했다. 아무리 옆에서 흥을 돋우려 해봐도 사람의 감정이란 게 그리 쉽겠는가? 그럴 땐 며칠 어쩌면 몇 주일이 지나 스스로 빠져나오길 기다리는 수밖에 별 다른 방도가 없었다.

보름간의 이탈리아 여행. 그 마지막 도시는 베네치아Venezia였다. 한여름 이탈리아의 뜨거운 열기는 결코 무시할 수 없는 짜증 유발의 복병이었다. 더위에 지칠 대로 지친 T군은 얼른 이탈리아를 떠나자며 그 아름다운 베네치아의 거리를 걷는 내내 투덜거리기만 했다. 뭘 봐도 뚱한, 호환마마보다도 무섭다는 여행 매너리즘에 빠진 T군 때문에 베네치아 본섬과 무라노 섬까지만 둘러보기로 했던 애초의 계획이 수정되었다. 온통 기념품 가게밖에 없는 무라노 섬이 기대에 못 미치는 바람에 T군의 눈치를 살피며 부라노 섬Burano까지 다녀올 것을 조심스레 제안했다. 부라노 섬은 본섬에서 수상 버스를 타고 무라노 섬으로, 무라노 섬에서 또다시 수상 버스를 타고 30여 분을 더 들어가야 하는 작은 섬마을이었다.

저 멀리 부라노 섬이 보이자 가장 먼저 든 생각은 '역시 여행은 돌아서고 싶은 자리에서 딱 한 걸음 더 나아갔을 때부터가 진짜구나!'하는 거였다. 여행 중 그 어디에서도 볼 수 없었던 이국적인 풍경이 단번에 내 눈을 사로잡았고, 심장은 곧 사랑에 빠질 것처럼 두근거렸다. 무뎌졌던 여행의 설렘이었다. 베네치아까지 와서, 아니 무라노 섬까지 들렀는데 이곳에 안 왔다면 어쩔 뻔했을까? 섬 전체가 뿜어내는 무지개색 매력을 거부할 수 있는 이는 아마 이 세상에 없을 것 같았다. 아니나 다를까, 섬을 떠나는 사람들의 얼굴에도 이제 막 섬에 오른 이들의 얼굴에도 천진난만한 아이같이 행복한 미소가 한가득이었다.

항구를 벗어나자 어릴 적 크레파스로 정성스럽게 칠했던 것 같은 알록달록한 집들이 나를 동화 속 나라로 이끌었다. 눈으로 직접 보고 또 봐도 신기한 교통수단인 베네치아의 수로를 가운데 두고 양쪽으로 늘어선 그림 같은 집들은 한 채 한 채가 모두 하나의 독립된 스튜디오 같았다. 색색의 외벽뿐만 아니라 대문과 창문 앞 화분과 장식용 인형들까지 각 집의 벽 색과 완벽히 어울리는 세팅이었다. 더구나 이 집들이 관람객을 위해 일부러 만든 게 아니라 현지인들이 살고 있는 삶의 터전이라는 점이 놀라웠다. 부라노 섬만의 이 독특한 풍경이 과거 안개가 자주 껴 배를 타고 나갔던 남자들이 집을 잘 찾아 돌아올 수 있게 외벽을 칠한 데서 유래됐다니 재미있는 일이다.

뒤를 돌아보니 베네치아 여행 내내 흐리멍덩했던 T군의 눈동자도

어느새 카메라 렌즈 속에서 반짝반짝 빛나고 있었다. 바빠진 T군의 셔터 소리에서 그도 나처럼 부라노 섬에 푹 빠져 있음을 알 수 있었다. 저렇게 주변을 신경 쓰지 못할 만큼 집중했다는 건 이곳이 단 한 순간도 놓치기 싫은 아름다운 곳이라는 얘기다. 덕분에 나도 더 이상 그의 기분에 연연하지 않고 부라노 섬의 아름다움에 완전히 매료될 수 있었다. 함께 하는 여행에선 어쩔 수 없이 상대방의 기분이 내 여행의 만족도에 영향을 미치게 마련이다. 내가 좋았던 여행지도 좋지만 그가 웃었던 여행지, 그의 카메라 셔터 소리가 끊이지 않았던 여행지는 항상 옳다.

여행 중 떠나는 또 다른 여행, 섬으로 떠나는 여행. 내 기억 속에 가장 예쁘고 완벽하게 남은 섬, 언제 끝날지 모를 T군의 여행 매너리즘이 한순간에 무너진 섬. 그곳의 아름다움을 마주하면 누구라도 사랑에 빠질 것임을 알기에 베네치아를 여행할 계획이라면 반드시 부라노 섬까지 둘러볼 것을 얘기해주고 싶다.

Story
06

함께, 다시, 낭만

서른이 넘은 남녀가 유럽에 가면

이탈리아, 피렌체
Italia, Firenze

———————

He said
남자의 가슴속에는 원래 첫사랑 한 명쯤 묻혀 있기 마련이다.

서른이 넘은 남자가 피렌체에 가면

"피렌체의 두오모는 사랑하는 사람들의 성지래, 영원한 사랑을 맹세하는
곳. 언젠가 나와 함께 올라가 줄래?"

　영화 〈냉정과 열정 사이〉의 아오이와 쥰세이의 도시, 피렌체^{Firenze}.
내가 이 도시를 찾아온 이유는 대부분의 연인들이 이곳을 찾는 이유와 같
다. '두오모^{Duomo}'다. 아직 영화를 보지 못했다는 N양에게는 피렌체의 두

오모가 그저 모든 도시마다 하나씩 있는 오래된 대성당에 불과할는지도 모르겠다. 하지만 내게는 특별했다. 두오모 정상에 오른다는 건 쓰라렸던 첫사랑 이후 남은, 평생에 한 번은 풀어보고 싶은 숙제와도 같았기 때문이다. 연인들의 오랜 연애담을 읽거나 찌르르 가슴 아리는 영화를 볼 때면 사랑하는 이와 함께 두오모에 오르는 순간을 수도 없이 상상해 왔다.

오늘, 드디어 그 순간이 왔다. 두오모를 찾은 수많은 방문객들 틈에 낀 긴 기다림 끝에 내게도 두오모에 오를 기회가 온 것이다. 성당 왼편 입구에 나 있는 계단에 첫 발을 올려놓자 이내 가슴이 두근거렸다. 순례자처럼 경건하게 계단을 오르는 연인들의 뒤를 따라 나도 한 걸음 한 걸음씩 위로 올랐다. 두 사람이 나란히 지나는 것을 허락지 않는 좁디좁은 계단. 숨이 턱까지 차올랐지만 탑 중간 중간 작게 난 창으로 넌지시 보이는 피렌체의 풍경 덕분에 무거워지는 발걸음을 겨우 끌어다 옮길 수 있었다. 끝도 없이 이어질 것만 같던 나선형의 돌계단을 오른 지 얼마나 지났을까? 날카롭게 떨어지는 강한 햇살에 잠시 눈을 감았다. 마침내 두오모의 정상에 도착했다.

불어오는 바람에 송골송골 맺혀 있던 땀방울은 말끔히 식고, 오랜 숙제를 푼 나는 여유롭게 난간에 기대어 쿠폴라^{cupola}(붉은 지붕)을 내려다보았다. 왼편으로는 조토 디본도네가 설계했다는 종탑이 있었고, 고개를 조금 돌리자 내 작은 두 눈엔 한 번에 다 담기도 버거울 만큼 넓게 펼쳐진 피렌체 시내가 있었다. 거기에 벽면을 가득 메운 사랑의 언약들과 어쩔한

여름 햇살까지 합세하여 내 머릿속엔 자연스레 영화 속 장면들이 하나하나 스쳐 지나가기 시작했다. 맹목적으로 순수했던 나의 20대도 함께……. 가만히 피렌체 시내를 내려다보고 있자니 열정적이고도 감성 충만했던 스무 살의 나로 돌아간 것만 같았다. 10년이 지난 후 만난 아오이와 쥰세이의 마음은 어땠을까? 내 첫사랑 그녀는 어디서 뭘 하고 있을까? 그렇게 하늘과 좀 더 가까워져 있던 시간 동안 이곳이 왜 연인들의 성지인지 조금씩 알게 되었다.

얼마나 그대로 앉아 있었는지 모르겠다. 하늘을 뒤덮은 피렌체의 석양에 두오모 주위를 둘러싼 붉은 지붕들이 불타오르기 시작했다. 공기까지도 운치 있는 피렌체가 선사한 오래된 추억에 잠겨 잠시 꺼내 보았던 그리운 나의 20대. 그리고 그녀를 다시금 가슴속 저 깊이 묻고 벌떡 일어났을 때, 내 옆에는 N양이 있었다. 한참을 말없이 혼자만의 생각에 잠겨 있던 내 곁을 조용히 지키는 N양이. 노을 지는 피렌체의 전경에 취했던 것 같기도 하다. 석양을 등진 그녀의 볼에 살포시 입을 맞추었으니까.

우리의 영원한 사랑이 다시 시작되었다.

모나코
Monaco

She said
이제는 첫사랑의 설렘보다 끝사랑의 영원함을 믿고 싶은 유부녀.

내 나이 서른에 꿈꾸는 사랑이란

스무 살, 남녀 사이의 여우 같은 밀당에 약한 난 고도의 심리 게임인 연애가 그렇게 어려울 수가 없었다. 큐피드가 옆에 딱 붙어서 연애 코치를 좀 해줬으면 좋겠다는 상상에 빠지곤 했지만 매번 사랑에 실패하면서 알았다. 적극적으로 구애하지 않고서는 내 마음을 척척 '그냥' 알아주는 운명적 사랑의 기적 따윈 바라지 말아야 한다는 사실을…… 다행히 20대 후

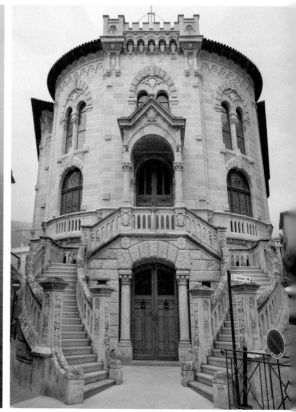

반이 되어 화려한 연애의 기술보다 나의 노력과 진심을 볼 줄 아는 세심한 T군을 만났고, 이제는 운명적 사랑보다는 우리 둘이 함께 만들어가는 신뢰와 노력이라는 단어가 더 가슴에 와 닿는 나이가 되었다.

방금 전 떠나온 프랑스의 니스Nice가 원색의 젊음으로 통통 튀는 20대의 꿈꾸는 하룻밤 같은 로맨스를 실현시켜 줄 곳이라면, 우아한 모나코Monaco는 사랑에 대해 뭘 좀 아는 30대에게 잘 어울리는 여행지였다. 그 이유가 할리우드의 유명 배우에서 모나코의 왕비가 된 동화 같은 러브 스토리의 주인공 그레이스 켈리의 영향이 크다는 사실은 결코 부인할 수 없겠다.

하지만 유부녀인 내가 그녀의 삶에서 특히 주목한 점은 배우로서의 삶을 버리고 아이들의 엄마로서 그리고 진심으로 모나코의 국모가 되기 위해 스스럼없이 국민들에게 먼저 다가선 그녀의 끊임없는 노력이었다. 비록 그녀가 어떤 책임감을 느꼈을지는 상상조차 할 수 없지만 지금껏 살아온 수십 년의 삶을 결혼과 함께 포기한다는 건 어쩌면 "나는 누구인가?"라는 본질적인 정체성을 흔드는 엄청난 선택이었음을 이제는 조금 알 것 같기도 하다.

모나코 빌 아래에 주차를 하고, 땀을 뻘뻘 흘리며 한 계단 한 계단 오르다 보니 세기의 결혼식이 치러졌던 모나코 왕궁이 나타났다. 소박하지만 단아한 기품이 풍기는 건물이었다. 아쉽게도 관광객은 왕궁 안으로 들어갈 수 없어서 우리는 천천히 궁 주변을 걸었다. 도시 곳곳에서 보이는 깊고 푸른 지중해 덕분에 모나코 골목골목의 유서 깊은 레스토랑과 기념품 가게마저도 깊고 푸른 낭만이 배어 있었다.

한 번에 풍덩 다이빙하듯 빠지기보다는 알면 알수록 빠져드는 은근함이 있는 사랑, 불같이 뜨겁고 열정적이기보다는 오래도록 식지 않는 꾸준한 사랑, 신이 허락하는 사랑의 기적보다는 내가 직접 쌓아가는 신뢰와 믿음이 있는 능동적인 사랑. 이런 사랑들이 서른이 넘어서며 깨닫게 된 내가 추구하는 낭만이고, 사랑의 방식이다. 그렇기에 첫사랑의 설렘보다 끝까지 지켜낸 사랑이 실재했던 모나코가 나에겐 가장 현실적이고도 로맨틱한 사랑의 도시로 남는다.

"미친 거지?"
세계 여행을 떠난다고 했을 때 주위의 친구들이 던진 말이다.
이처럼 한가롭고, 나 자신을 위한 시간을 가질 수 있는 것이 미친 자의 생활이라면
한평생 미쳐서 사는 것도 괜찮지 않을까 싶다.

Story

07

함께, 다시, 휴가

언젠가 또 한 번의 휴가를 보내게 된다면

이탈리아, 체팔루
Italia, Cefalu

돈? 명예? 직장? 혹시…… 가족? 당신을 옭아매던 삶의 스트레스에서 벗어나
머릿속, 뼛속까지 짜릿해질 수 있는 휴가지로 모시겠습니다.

거 부 할 수 없 는 에 메 랄 드 빛 유 혹 의 바 다

여름날의 바닷가에 다다르면 언제나 내 마음은 두 갈래 길 앞에 서곤 했
다. '저 시원한 바다에 지금 당장 뛰어들자!'는 본능과 '아니야, 아니야. 들
어갔다 나오면 바닷물에 젖은 몸도 말려야 하고…… 또, 카메라랑 중요한
물건들은 어디에 놓지?', '조금 더 더워지면 들어가야겠어.'라고 말리는 이
성. 이러지도 저러지도 못하다가 결국엔 그냥 발만 담그고 돌아서곤 했던

소심한 지난날의 기억들. 돌아서며 '다음번엔 신나게 뛰어들어야지!' 다짐 해 보지만 늘 똑같은 선택이 되풀이되곤 했다.

그런데 체팔루Cefalu의 바다는 늘 우유부단했던 나에게 일말의 고민할 기회조차 주지 않았다. 뜨거운 태양을 피할 수 있는 저 완벽한 장소, 투명한 에메랄드빛 물결이 만들어 낸 유혹적인 자태를 그 누가 외면할 수 있으랴? 내 머릿속을 채우는 고민은 오직 하나였다. 얼마나 우아하게, 그리고 아름답게 물속으로 들어가느냐는 것. 여행하는 내내 몸의 일부였던 카메라도 저 멀리 던져두고, 그저 자유를 향한 공중회전 다이빙만이 떠올랐다. 그 순간 내게 필요한 것은 오직 작은 부끄러움을 가려줄 수 있는 수영복 하나면 오케이, 그 이상은 없었다.

방파제 벽에 등을 딱 붙인 뒤 와다다닥 달렸다가 발뒤꿈치에 힘을 주어 저 하늘로 도약한다. 내 몸은 잠시 하얀 구름 속을 유영하듯 떠올랐다가 이내 차가운 바닷속으로 잠기고 만다. 발끝부터 전해진 시원함이 머리끝까지, 아니 머릿속 깊숙이까지 짜릿한 전율을 일으킨다. 완벽한 자유! 때마침 수업을 마치고 온 동네 아이들 역시 옆에서 첨벙첨벙 뛰어들며 다이빙 삼매경에 빠진다. 시간을 구속할 학원도, 치열한 세상에서 이겨야만 한다는 경쟁심도 없이 그저 주어진 순간을 최선을 다해 즐기는 모습들이다. 아마 어제도, 그제도, 이곳에서 신나게 놀았을 것이다. 그런데 그런 현실감 없는 모습이 이방인의 눈에는 한없이 부럽고 아름답게만 보인다.

체팔루의 아이들과 나, 우리는 비록 말이 통하진 않았지만 눈짓만

으로 서로에게 순서를 양보하며 끊임없이 물속으로 뛰어들었다. 방과 후 티레니아해의 푸르름으로 뛰어드는 것이 빼먹을 수 없는 일과인 그들의 다이빙 실력은 예사롭지 않았다. 그저 내 한 몸 던져 사정없이 물속에 잠기는 전법이 다인 나를 비웃듯 공중제비, 백스핀 등을 선보이며 나의 눈을 어지럽혔다. 그들과의 한바탕 물놀이가 끝났을 때 식어가는 태양의 형상이 붉은 빛 속에서 아른거렸다. 때마침 불어오는 서늘해진 바닷바람이 내 몸의 바닷물을 다시 앗아갔다. 오늘 하루, 모든 것을 벗어 던지고 동네 아이들과 함께 보낸 이 시간이 나를 미소 짓게 했다. 난 오늘처럼 선택의 기회를 주지 않을 만큼 강한 유혹을 기다렸는지도 모른다.

내년 여름을 어디에서 보내고 싶냐고? 당연히 체! 팔! 루!

스위스, 룽게른
Switzerland, lungern

나는 네가 사랑하는 이와 함께 오붓한 시간을 보낼 수 있는
알프스의 평화로운 비밀 마을을 알고 있지!

아무도 없는 곳, 호숫가에 딱 우리만

새소리였는지, 물소리였는지, 아이들의 웃음소리였는지 정확히 기억나지
않는다. 귓가를 간지럽히는 작은 재잘거림에 눈을 떠보니 산새 한 마리가
막 자리를 옮기며 지저귀고 있었고, 금발의 여자 아이 두 명이 호숫가에
서 물장구를 치며 까르르 웃고 있었다. 나는 아이들이 놀고 있는 저 호수
가 어릴 적 보았던 어느 영화 속 천국의 어딘가 같아서 졸린 눈을 비비고

다시 한 번 반짝이는 눈앞의 풍경을 바라보았다.

그곳은 이동 중 날이 저물어 하룻밤만 자고 가려고 들른 스위스의 어느 캠핑장이었다. 아침을 먹은 후 우린 계획대로 출발해야 했지만, 왠지 발길이 떨어지지 않아 T군에게 잠시 마을을 둘러보기를 권했다. 가벼운 차림으로 호숫가를 걸어 나왔고, 캠핑장 입구를 지나 길가의 푯말을 보고서야 이곳의 이름이 '룽게른lungern'이란 걸 알게 되었다. 스위스의 루체른에서 인터라켄으로 가는 기차를 타면 지나가는 마을, 하지만 가이드북에도 자세한 설명이 나와 있지 않아 대부분의 여행자들이 기차 안에서 "와! 아름다워라!"하며 순식간에 지나는 마을에 불과했다.

유명하지 않은 마을이라선지 이른 아침이라선지 한여름 휴가철임에도 거리가 매우 한적했다. T군과 도란도란 이야기를 나누며 마을의 비탈을 따라 10분쯤 거닐었을까? 길의 끝에는 이 마을과 썩 잘 어울리는 작고 하얀 교회가 하나 서 있었다. 조심스레 문을 열고 안으로 들어서니 크고 웅장한 교회에서는 느낄 수 없었던 포근함이 날 감싸 안았고, 때마침 들려오는 파이프오르간 연주에 영혼까지 평온해지는 기분이었다. 사실 정식 연주라기보다는 아무도 없는 교회에서 누군가 연습을 하고 있던 중이어서 더 감동적이었는지도 모른다. 보여주기 위함이 아닌 일상의 한 장면에서 오는 감동이랄까? 파이프오르간 울림에 한참 도취해 있는데 문득 뒷문으로 빠져나가는 T군의 모습이 눈에 들어왔다. 그를 좇아 교회 뒤편으로 나가 룽게른의 전경을 내려다봤을 때야 비로소 오늘따라 왜 이렇게 떠나는 발걸음이 무거웠는지를 알아챘다. 룽게른이야말로 바다보다 산을 좋아하는 내가 평소에 꿈꿔 왔던 '산림 속 조용한 호숫가 마을형' 휴가지였던 것이다.

발아래의 신기루 같은 풍경을 바라보며 호들갑스러운 감탄을 연발하는 대신 난 행복한 상상을 하며 조용히 미소 지었다. '언젠가 다시 룽게른을 찾는 날엔 일주일쯤 푹 쉬었다 가야지. 천국보다 아름다운 저 맑은 호숫가에 작은 텐트를 치고 하루 종일 푸른 녹음에 묻혀 사랑하는 이와 함께 할 거야. 아마 그때쯤엔 아침에 보았던 금발 머리 소녀들 대신에 사랑스러운 내 미래의 아이들이 놀고 있겠지?'

Story
08

함께, 다시, 드라이브
부디, 이 길이 끝이 아니길

이탈리아, 아말피 코스트
Italia, Costiera Amalfitana

He said
아말피 코스트, 조물주가 만든 최고의 예술품으로 인정!

하늘을 달리다

스트레스를 푸는 방식은 저마다 다르다. 어떤 이는 골목 구석구석 맛집을 찾아다니며 희열을 느끼고, 어떤 이는 목청껏 노래를 부르며 지친 마음을 달랜다. 다른 이는 시끄러운 클럽에서 밤새도록 놀면서, 또 다른 이는 조용한 카페에서 혼자만의 시간을 갖는 것으로 스트레스를 풀기도 한다. 나는 드라이브다. 고막이 터질 듯 볼륨을 키운 음악에 몸을 맡긴 채 활짝 열

어젖힌 창문으로 밀려드는 바람을 맞으며 달리는 순간, 모든 근심 걱정이 사라지는 것을 느낀다. 그래서 이번 렌터카 유럽 여행에선 이동하는 매 순간이 설레고 신났다.

그중에서도 그날처럼 흥분과 짜릿함을 맛보았던 날은 전무후무하다. 대개의 해안도로는 수평선과 눈높이를 맞춰 완만한 경사를 따라 형성되기 마련인데, 아말피 코스트^{Costiera Amalfitana}는 수직에 가까운 경사를 따라 가파른 비탈 사이를 아슬아슬하게 곡예 하듯 이어져 있어 한 굽이 한 굽이 다음 풍경을 도저히 상상할 수 없게 만들었다. 위로는 눈부신 태양 빛에 뒤덮여 온통 새하얀 하늘이 떠 있고, 아래로는 끊임없이 흰 포말을 일으키며 일렁이는 새파란 바다가 펼쳐져 있다.

우리는 날고 있다. 하늘을 닮은 바다와 바다를 닮은 하늘 사이를 날고 있다. 활짝 열어놓은 차창으로 새어 들어온 바닷바람이 우리를 조금 더 높이 띄워준다. 가슴속을 가득 채우는 환희에 젖어, 있는 힘껏 소리를 질러본다. "이야아아아!" 괴성에 모든 스트레스를 날려 보내고 내 가슴엔 아무것도 남은 게 없다. 이토록 가슴 벅차올랐던 순간이 언제였던가? 그 어떤 행복과도 비교할 수 없는 절대 행복에 젖은 순간이다. 때마침 귓가를 울리는 이적의 목소리가 나와 함께 소리친다.

"마른하늘을 달려 / 나 그대에게 안길 수만 있으면 / 내 몸 부서진대도 좋아 / 설혹 너무 태양 가까이 날아 / 두 다리 모두 녹아내린다고

해도 / 내 맘 그대 마음속으로 / 영원토록 달려갈 거야."
– 이적의 〈하늘을 달리다〉 중

　　구불구불 이어진 아말피 코스트를 따라 달리다 보면 드문드문 작은 마을들을 만나게 된다. 높은 절벽 끝에서부터 아래쪽 바닷가까지 비탈을 따라 옹기종기 모여 있는 색색의 집들은 아말피 코스트를 세계 최고의 드라이브 코스로 올려놓은 일능 공신이다. 마을들은 막 세공을 끝낸 보석처럼 빛이 난다. 그 아름다운 보석들을 하나의 목걸이처럼 죽 연결해 놓은 아말피 코스트는 신의 손길이 닿은 최고의 공예품이라 할 만하다.

　　아말피 해안의 보석 중의 보석으로 알려진 마을인 포지타노로 들어가기 전, 언덕 위 도로변에 잠시 차를 멈춘다. 저 바닥 끝까지 투명한 푸른 바닷물이 금방이라도 손에 잡힐 듯 발아래에서 출렁인다. 해안선을 따라 이어진 길의 끄트머리에는 맹렬히 타오르던 한낮의 태양이 기울고 있다. 이 길을 따라 끝까지 달리면 저 태양에 닿을 수 있을까? 영원토록, 영원토록 끝나지 않기를 바라며 달려가고 싶다.

스코틀랜드, 하이랜드
Scotland, Highland

She said
일단 한번 출발하면 중간에 멈출 수 없는, 세상 끝으로 달려가는 몽환의 대지.

그럼에도 불구하고 달리는 이유

여행하는 동안 렌터카를 이용할 때마다 우린 자동차에 이름을 붙여주곤
했다. 그리고 그 이름을 부르는 순간 한낱 스쳐가는 빌린 차에 불과했던
녀석(들)은 평생 잊지 못할 동료로 거듭났다. 첫 번째 녀석의 이름은 '까
슈'였다. 특별한 의미가 있는 건 아니었고 그냥, 프랑스에서 빌린 차라서.
어쩐지 개구쟁이 프랑스 소년의 이름 같지 않은가? 프랑스를 시작으로 스

페인, 포르투갈, 이탈리아, 오스트리아를 지나 80여 일간의 즐거웠던 까슈와의 여행은 스위스에서 마침표를 찍었다. 비행기를 타고 스코틀랜드의 에든버러에 도착하여 두 번째 친구인 '스캇'을 만났다. 스코틀랜드의 앞 스펠링 4개를 따서 스캇이다. 영국의 멋쟁이 신사 이름 같아서 난 스캇이 아주 마음에 들었다.

스캇은 소형에서 중형 사이의 승용차였다. 늘 그래왔듯 우리는 차를 받자마자 어떻게 하면 최대한 편한 잠자리를 만들 수 있는지를 먼저 고민했다. '동료인 스캇을 혼자 밖에 재우는 건 말도 안 되는 일'이라기보다는 '숙박비를 좀 아껴 보고자' 하는 마음이 컸던 게 사실이다. 외국의 일부 자동차들은 뒷좌석을 앞으로 구부리면 납작한 방석처럼 완전히 접히기 때문에 트렁크와 뒷좌석이 한 공간으로 연결된다. 평평하지 않은 곳에 옷들을 포개고 그 위에 이불을 깐 다음 침낭을 덮으면 잠자리가 만들어진다. 내가 먼저 트렁크 아래쪽으로 기어들어가 운전석을 향해 다리를 쭉 뻗으면, T군도 낮게 포복하여 겨우 자리를 마련하고 몸을 누인다. 우리는 겨우 몸을 달싹달싹 움직일 만큼의 공간에서 그렇게 잠을 잤다. 스코틀랜드 여행 13일 중 9일 밤을 스캇과 함께 보냈다.

에든버러를 벗어나 북쪽으로 북쪽으로 달리며 작은 마을 몇 개를 지나자 풀색 대지와 회색빛 하늘만이 펼쳐진 야생의 하이랜드Highland가 나타났다. 가장 스코틀랜드다운 풍경, 아담과 이브가 살고 있을 태초의 과거로 달려갈 수 있을 것만 같은 길 위에는 T군과 나, 그리고 스캇만이 있었

다. 어떤 날은 스캇의 기름이 다 떨어져 가는데도 주유소가 안 나와 전전긍긍할 때도 있었고, 또 어떤 날은 하루 종일 지나가는 차 한 대 못 만날 때도 있었다. 사람의 그림자라고는 보기 힘든 드넓은 평원 위 그림 같은 양떼들이 아름다웠고, 광야의 말과 소가 마냥 반가웠다. 해가 저물면 도로변 적당한 곳에 스캇을 주차시키고 면 하나 호로록 끓여 먹고선 눈을 붙였다. 잠결에 들리는 바람 소리, 동물의 울음소리, 가끔은 빗소리……. 별도 달도 보이지 않는 스코틀랜드의 완전한 어둠 속에서 우리를 지켜줄 녀석은 스캇밖에 없었다. 두려운 밤을 버티면 어김없이 물안개 피어오르는 몽환의 새벽이 찾아왔다. 스코틀랜드의 낮과 밤을 우리처럼 온몸으로 느껴본 자가 얼마나 될까?

처음엔 숙박비를 아껴보고자 시도했던 차숙이었지만 우리는 점차 하이랜드가 내뿜는 길 위의 매력에 중독되었다. 때는 9월 초, 스코틀랜드의 밤은 우리나라 늦가을에서 초겨울로 넘어가는 정도로 쌀쌀했다. 밤새 서로를 부둥켜안고 자야만 추위로부터 살아남을 수 있는 정도였다. 그럼에도 불구하고 스코틀랜드 여행의 절반 이상 차에서 자는 걸 포기할 수 없었던 이유는 한 번 들어가면 빠져나오기 힘든 늪 같은 자연이 거기에 있었기 때문이다. 오스트리아나 스위스에서 보았던 싱그러운 녹색도 아니었고, 이탈리아나 스페인에서 보았던 맑고 푸른 하늘도 아니었지만 채도 낮은 녹색과 회색빛 하늘 속에는 꾸며지지 않은 솔직한 자연이 있었다. 극한의 고독과 쓸쓸함이 무엇인지 알 수 있는 곳, 펑펑 울어도 아무도 신경 쓰지 않을 곳, 척하지 않고 완전히 내 안의 나만을 바라볼 수 있는 곳. 어쩌면 그건 세상 끝으로 혼자 달려가는 기분 같을지도 모르겠다. 그 순간 내게는 말없이 손잡아 주는 T군과 스캇이 있었기에 가능했던 엔드리스Endless 드라이브, 하루하루 숙소를 찾아 헤매기보단 발길 멈추는 곳에 그대로 잠시 머물 줄 아는 낭만을 알게 해준 여행. 이게 모두 네 덕분이다. 고맙다. 스캇!

Story

09

함께, 다시, 영화

우린, 영화 속으로 걸었다

이탈리아, 팔라조 아드리아노
Italia, Palazzio Adriano

He said
토토가 나인가? 내가 토토인가?

잃 어 버 린 내 고 향 을 찾 아 서

"돌아와선 안 돼! 모든 것을 잊어버려!"

고향을 떠나는 토토에게 알프레도는 뒤돌아보지 말고 앞만 보고 걸어갈
것을 요구한다. 오랜 시간이 흐른 뒤 토토는 영화감독으로 성공하고 자
신의 아픈 추억을 담고 있는 시칠리아의 한 마을로 돌아오게 된다. 영화
〈시네마 천국〉 속 토토의 마음이 이러했을까? '팔라조 아드리아노^{Palazzio}

Adriano'로 들어서는 나의 마음은 알 수 없는 안타까움과 아스라함이 뒤섞여 형언할 수 없는 감정의 소용돌이로 빠져들고 있었다.

영화 〈시네마 천국〉의 주요 촬영지였던 시칠리아의 작은 산골 마을, 팔라조 아드리아노. 이 마을로 들어서는 여행자들을 가장 먼저 맞이하는 건 마을 광장이다. 사방이 탁 트인 광장에서 숨이 막힐 듯한 아득함을 느낀 건 영화가 주는 애잔함과 함께 오랜 시간 잊고 지냈던 나의 속마음과 마주하게 된 당혹감 때문일지도 모른다. 잊고 싶어서가 아니라 꺼내기가 두려워 한동안 외면했던 나의 유년기, 그리고 나의 고향…….

생애 첫 방문한 곳이었지만 마을은 오랫동안 날 기다려 왔다는 듯 부드럽고 포근한 미소를 보인다. 근데 그 미소에 왜 미안한 마음이 먼저 드는 걸까? 마을 광장의 한쪽에는 〈시네마 천국〉 촬영 시 쓰였던 소품들이 전시되어 있는 박물관이 자리 잡고 있다. 방명록에는 드문드문 찾아오는 방문객들의 흔적이 남겨져 있고, 안에는 토토와 알프레도가 함께 탔던 자전거와 시력을 잃은 알프레도가 쓰던 지팡이가 전시 되어 있다. 어? 지팡이를 보는 순간 나도 모르게 눈물이 감돈다. '알프레도, 저 이제야 이곳에 돌아왔어요…….' 어릴 적 보았던 영화에 대한 회상이라기보다는 내 고향 옆집에 살던 할아버지를 찾아온 것 같은 기시감이 느껴진다. '저 이제야 왔어요…….'

박물관을 빠져나오니 마을 광장의 중앙 분수대에서 목을 축이는 사람들이 보인다. 간간히 불어오는 바람에 땀을 말리며 이어폰에서 흘러나오는 음악 소리에 귀를 기울이고 분수대 옆에 앉아 있다 보니 어느새 영화 한가운데에 들어와 있는 나를 발견하게 된다. 마을 속으로, 영화 속으로 걸음을 내딛어 본다. 25년 전, 촬영 당시의 영화 속 분위기가 조금도 변하지 않고 현재까지 그 모습 그대로 남아 있는 것에 놀라지 않을 수가 없다. 알프레도와 토토가 함께 거닐던 길, 토토가 군에서 제대하여 들어섰던 햇살 아래의 뜨거운 마을 광장, 심지어 광장 중심에 위치해 있는 분수대에서도 25년 전 그날처럼 여전히 물이 흐르고 있다. 극장이 있던 자리가 커다란 주차장으로 변한 것만이 유일하게 달라진 모습이다.

마을 벤치에서 담소를 나누고 있는 마을 어르신들에게서 옛 영화 촬영에 대한 이야기를 듣는 건 그리 어려운 일이 아니다. 그들이 들려주는 〈시네마 천국〉이라는 영화관에 관한 이야기, 토토와 알프레도의 우정 이야기, 이루어지지 않아 더 안타까웠던 토토와 엘레나의 사랑 이야기는 마치 실제 이곳의 역사처럼 여겨진다. 영화 속 이야기라기보다는 이 마을에서 일어났던 한 아이의 꿈과 사랑 이야기를 듣는 것 같다는 표현이 더 어울리지 않을까 싶다. 내가 영화 속으로 들어온 건지 영화가 옛날 내 이야기였는지 구분이 가지 않는다. 가슴 한 구석을 채우며 나를 짓누르는 아련함이 다시금 밀려온다. 뒤돌아보지 않고 앞만 보고 달려온 나, 고향을 떠난 후 잊고 지냈던 나를 이곳에서 마주하게 되었다.

어쩌면 일반 여행객에게 팔라조 아드리아노는 큰 매력이 없는 곳일지도 모르겠다. 시선을 사로잡는 멋진 풍경도, 역사를 간직한 기념비적

인 건물도 없다. 여행객을 위한 그 흔한 기념품 가게도 숙박 시설도 거의 없다. 그저 이탈리아에서 흔히 지나칠 수 있는 작은 마을에 불과하다. 마을 사람들은 아무런 기대 없이 마을을 방문한 사람들을 쳐다본다. 아니, 사실 쳐다보지도 않는다. 하지만 난 그래서 팔라조 아드리아노를 그 어떤 여행지보다 가장 순수한 곳으로 기억한다. 때론 화려하게 포장된 물건보다는 투박하기 그지없는 날것이 더 소중하고 아름답게 느껴지는 때문이다.

'시칠리아를 보지 않았다면 이탈리아를 보았다고 할 수 없다'라고 한 괴테의 말처럼 시칠리아는 가장 이탈리아스러운 곳이다. 상혼으로 물들지 않은 곳, 역사적 사실보다 더 커다란 감동을 간직한 곳, 팔라조 아드리아노. 그래서 난 이곳이 좋다. 꾸미지 않은 정말로 있는 그대로의 이탈리아를 만날 수 있는 곳이어서 좋다.

프랑스, 셰르부르 옥트빌
France, Cherbourg-Octeville

———————

She said
영화 같은 삶을 살고자 했던 한 꼬맹이 소녀의 빛바랜 꿈은 과연 이루어졌을까?

빛 바 랜 어 느 꼬 맹 이 의 꿈

학교와 집을 세상의 전부로 알던 한 꼬맹이가 어느 날 처음 접한 영화 속 세계는 설레는 꿈이자 희망, 거대한 동경의 대상이었다. 그러나 매일 같이 신세계를 음미할 비디오를 빌려 보기에 꼬맹이의 용돈은 턱없이 부족했다. 더 많은 영화를 탐닉하고 싶었던 난 텔레비전에서 방영해주는 〈토요명화〉, 〈주말의 명화〉, 〈명화극장〉의 흑백영화까지 보고 또 돌려 보고서야 잠이 들곤 했다. 어른이 된 지금은 시간이 날 때마다 비디오나 텔레비전 영화를 찾아보는 대신 가까운 시내 영화관에 들르곤 한다. 최신 영화를 볼 수 있는 기회도, 다양한 영화를 마음껏 접할 수 있는 선택의 폭도 훨씬 넓어졌지만 어쩐 일인지 어릴 적처럼 보고 또 돌려 보고 싶은 영화를 도통 만날 수가 없다. 세월의 깊이만큼 영화의 깊이도 깊어지는 걸까?

베르사유 궁전을 마지막으로 파리를 완전히 벗어난 우리의 다음 목적지는 몽 생 미셸 수도원이었다. 자동차가 막 출발했을 무렵 일행 중 가장 나이가 많은 오빠가 몽 생 미셸로 가는 길에 '조금만' 돌아가면 있는 셰르부르에 들렀다 가자 제안을 했다.

"셰르부르? 쉘부르? 영화 〈쉘부르의 우산〉의 그 쉘부르?"

궁극적인 목적지는 있되 그곳으로 가는 길은 '자동차 바퀴 닿는 대로'가 애초 계획이었던 우리는 흔쾌히 제안을 받아들였고, 바퀴는 셰르부르를 향해 구르기 시작했다.

우리가 흔히 알고 있는 쉘부르의 정식 명칭은 '셰르부르 옥트빌Cherbourg-Octeville'. 영화 〈쉘부르의 우산〉으로 너무나도 유명해진 도시. 이제 와서 하는 얘기지만 셰르부르로 가는 길, 사실 난 설렘과 기대보다 머뭇거림과 걱정이 더 컸다. 〈쉘부르의 우산〉이 어릴 적 감명 깊게 본 영화 중 다섯 손가락 안에 꼽히는 대작임엔 틀림없지만 50년 전 영화 촬영지를 보자고 달려가는 것은 바보 짓 같았기 때문이다. "50년 전이면…… 1960년대인데, 어디 건물 터나 제대로 남아 있겠어?"

그러나 우리가 하는 걱정의 90퍼센트 이상은 일어나지도 않을 일이라는 말처럼, '내가 지금 잘 가고 있는 걸까?' 했던 생각은 완전한 기우였다. 갈까 말까 고민될 땐 가는 게 정답이다.

셰르부르에 도착하여 가장 먼저 눈에 들어온 것은 도시 한가운데를 가로지른 커다란 항구와 그곳에 정박해 있던 크고 작은 배들이었다. 여행하면서 흐린 날씨가 이렇게 고마웠던 적이 있었던가? 금방이라도 뚝뚝 빗방울이 떨어질 것 같은 먹구름과 회색빛 항구 덕에 잊고 있었던 영화의 첫 장면이 번뜩 떠올랐다. 음악 소리에 섞여 떨어지는 빗소리와 함께 살짝 바랜 듯한 색색의 우산, 그 아래쪽으로 보이는 젖은 거리의 네모난 타일들. 변한 듯 변하지 않은 2013년의 셰르부르와 영화 속 배경은 90퍼센트 이상의 놀라운 싱크로율을 자랑하고 있었다.

셰르부르에 도착하자마자 눈에 띈 항구에서부터 난 이미 50년 전 쥬느뷔에브와 기이의 데이트 현장으로 시간 여행을 시작했건만 우리 일행이 내 손을 이끌고 향한 곳은 부둣가 옆 인포메이션 센터였다. 인포메이션 센터의 직원이 건넨 작은 책자에는 우리가 이곳에 온 이유인 셰르부르의 우산 가게에서부터 쥬느뷔에브와 기이가 사랑을 속삭이던 카페와 기이가 자전거를 타고 출퇴근 하던 거리, 아픈 이별에 눈물짓던 기차역, 새로운 사랑과 함께 결혼식을 올렸던 교회, 그리고 두 주인공의 극적인 재회 장소인 주유소까지 10여 군데의 영화 촬영지들이 상세히 표시되어 있었다. 우리는 책자에 소개된 장소들을 훑어본 후 가까운 기차역부터 둘러보기 시작했다.

평소 여행지에서 사람들의 말소리, 지나가는 새소리, 귓가에 스치는 바람소리 듣기를 좋아하지만, 이번엔 영화 속 음악을 귀에 꽂고 거리를 거닐어 보았다. 음악이라는 건 참 신기한 힘을 갖고 있어서 발길 닿는 곳마다 영화 속 장면 장면이 새록새록 떠올랐다. 그러다 문득 미친 듯이 영화를 사랑했고, 영화 같은 삶을 살기를 꿈꿨던 어린 시절 내가 떠올랐다. 그렇게나 동경했던 영화 속 세상에서 난 지금 사랑하는 T군과 함께 걷고 있지 않은가? 이미 난 영화 같은 삶을 살고 있었던 것이다!

여행이 끝나고 14개월 만에 다시 찾은 서울의 집 앞 지하철 주변이 몰라보게 변한 것에 비하면 돌담 하나, 바닥의 타일 하나까지 옛 모습 그대로 간직하고 있는 셰르부르는 50년 동안 부수지 않은 거대한 영화 세트장 같다. 자고 일어나면 어제가 기억나지 않는, 빠르게 변화하는 세상에서 살아온 내게 셰르부르는 현실에선 있을 수 없는 하나의 기적 같은 도시였다.

Story
10

함께, 다시, 일상
그곳에 평생 살고 싶은 이유

오스트리아, 비엔나
Austria, Vienna

He said
비엔나여, 다음번에 갈 때는 한국 생활 정리하고 갈 테니 딱 기다려라!

내가 비엔나에 살고 싶은 다섯 가지 이유

여행을 하다 보면 묘하게 정이 가는 곳이 있다. 떠나는 발걸음이 차마 떼어지지 않는 곳. 아니, 여건만 된다면 남은 생을 몽땅 보내고 싶은 마음마저 든다. 지나쳤던 수많은 도시 중에 특히 내 온 마음을 빼앗아 갔던 유럽의 도시가 있다. 돌아가야 할 조국이 있으면서도 자꾸만 주저앉고 싶었던 곳, 오스트리아의 비엔나다. 그곳이 매혹적이었던 다섯 가지 이유를 밝힌다.

첫째, 찬란한 문화유산 속에 느긋한 여유와 멋스러운 낭만이 깃들어 있다. 유럽의 어느 도시엔들 문화유산이 없겠냐만은 비엔나만 한 곳이 있을까? 합스부르크 왕가의 숨결이 배어 있는 건물 사이사이로 운치 있는 선율이 번진다. 낡은 창가엔 밝은 햇살이 내리쬐고, 달콤 쌉싸래한 커피 한 잔과 클래식한 음악에 하루 종일 젖어 있어도 이상할 게 하나 없는 곳. 낭만의 도시라는 수식어는 비엔나에 가장 적합한 별칭일지니!

둘째, 온화한 이웃들이 살고 있다. 한때 유럽에서 가장 큰 영토를 가졌던 나라, 독일과 함께 1차 세계대전을 일으켰던 나라. 오스트리아가 가지고 있는 역사의 장면들이다. 때문에 난 그들의 민족성이 차갑고 강할 것이라는 선입견을 갖고 있었다. 하지만 직접 만나 본 그들이 내게 건네준 건 부드러운 미소와 따뜻한 친절이었다. 비엔나 시내 한복판에서 타이어 펑크로 인해 오도 가도 못하고 서 있는 우리에게 손 내밀어 주던 사람들. 당황한 우리들을 위해 먼저 발 벗고 나서 주었던 시민들의 도움으로 무사히 여행을 계속할 수 있었다. 위기 상황에서 경험했던 그들의 부드러운 미소와 따뜻한 친절은 진짜였다. 이런 이웃이 있다면 함께 하기에 더할 나위 없지 않을까?

셋째, 실질적으로 가장 중요한 문제다. 부담 없는 물가. 유럽 여행에서 가장 겁나는 것 중에 하나가 바로 물가다. 다른 대륙에 비해 여행 경비가 가장 많이 드는 것도 사실이다. 그런데 이런 유럽의 한가운데에 있는 비엔나의 물가는 예상 외로 착한 편이다. 사실 유럽을 여행하면서 마트에서 가격표에 연연하지 않고 장을 볼 수 있었던 몇 안 되는 도시 중 하나가 바로 비엔나였다.

넷째, 알프스의 대자연이 있다. 비엔나에서 조금만 차를 몰고 나가도 알프스의 대자연을 만날 수 있다. 천연 암반수로 이루어졌을 것 같은 투명한 호수와 깎아지른 듯 우뚝 솟아 있는 절벽 같은 산, 그 사이를 흐르는 신선한 공기도 멀지 않은 곳에서 찾을 수 있다. 주말이면 늘 영화 속 풍경 같은 교외로 나들이를 갈 수 있는 곳, 〈사운드 오브 뮤직〉의 아름다운 영화 속 배경이 비엔나에서는 실존한다. 이것이 내가 비엔나를 사랑하는 네 번째 이유다.

다섯째, 아름다운 나만의 추억이 서려 있다. 비엔나가 유럽의 그 어느 도시보다 각별했던 이유는 수민이라는 고등학교 친구 때문이다. 10개월을 넘게 집시처럼 떠돌아다녔던 내게 따스한 집 밥을 흔쾌히 내주었던 친구. 그 덕에 비엔나는 낯선 타국의 도시가 아니라 옛 친구가 살고 있는 내 고향처럼 포근하게 느껴졌다. 지극히 개인적인 견해이긴 하지만 친구 한 명쯤 살고 있는 도시에서 사는 게 덜 힘들고 덜 외롭지 않을까?

아, 나의 비엔나여! 다음에 갈 때는 한국 생활 정리하고 갈 테니 기다려라.

스위스, 취리히
Switzerland, Zürich

———————

She said
두려운 외국 생활이라도 내 아이의 미래를 위해서라면……．

뭉치면 살고 흩어지면 죽는 게 가족 아니겠어?

"하이킹 코스로 어디가 제일 좋았어?"

"누가 여름 휴가지 좀 추천해 달라고 하면 어디로 가라고 얘기할 거야?"

"드라이브하기 좋은 길은 어디라고 생각해?"

"가장 좋았던 섬은 어디야?"

우리는 이동하는 차 안에서 조잘조잘 쉴 새 없이 떠들어댔다. 아니, 집중

하여 운전하는 T군의 옆에서 끊임없이 화두를 던지는 건 나였다. 여행 초반, 거기 진짜 좋지 않았냐는 나의 물음에 그가 별로였다 대답하면 "왜? 왜? 어째서 별로였는데?"로 시작해 목에 핏대를 세우고 침을 튀기며 공격적으로 내 의견을 피력하기에 바빴다. 그러나 여행이 중반으로 넘어갈수록 그와 나는 서로 다른 사람이라는 걸 인정하게 되었다. 같은 곳에 서 있어도 각자의 컨디션이 달랐고, 또 서로 다른 걸 바라보았으니 다른 감정을 느끼는 게 당연했다. 예를 들면 이런 거, 멋진 풍경을 보러 갔지만 날씨가 흐려서 정말 최악이었다고 생각한 곳이 T군에게는 최고의 작품 사진을 남길 수 있었던 곳이라면 그는 엄지를 추켜세우며 그곳이 좋았다고 얘기했다. 그래서 어느 순간부터 난 그에게 감정을 강요하지 않았다. 그저 가만히 이야기를 들어주며 상대방이 무엇을 좋아하는지 무엇을 싫어하는지 조금 더 알아가려 했을 뿐이다. 그러나 이번 물음은 달랐다.

"평생 살고 싶은 유럽의 도시가 어디야?"

이번 건 매우 중요한 질문이었기에 고개를 홱 돌려 그의 얼굴을 빤히 쳐다보았다. 우린 어디서 살든 함께여야 하는 부부니까……. 그는 한 치의 망설임도 없이 오스트리아의 비엔나라 대답했다. 난 당연히 유럽 여행 중 내가 가장 사랑했던 스위스일 줄 알았다. 한국에서 들려오는 친구들의 결혼과 출산 소식에 요즘 내가 가장 큰 관심을 갖고 있는 건 출산과 육아 그리고 교육에 관한 문제다. 조만간 우리에게도 아이가 생길 텐데 냉정하게 생각해 보면 현재 우리나라의 교육에선 크게 기대할 게 없어 보이는 게 현실이다. 사랑하는 부모님과 친구들을 떠나 평생 외국에 터전을 잡고 살 엄두를 못내는 내가 외국에서 살아야 할 이유는 하나, 내 아이의 미래를 위한 교육 때문일 것이다.

한 다큐멘터리를 통해 내가 추구하는 교육과 가장 잘 부합하는 곳이 바로 스위스라는 사실을 깨달았다. 스위스에서는 만 4세 이후 입학하는 유치원부터 의무 교육에 포함되는데 이때 가장 강조되는 것이 '혼자 할 것'이라 하였다. 독립성과 자기주도를 먼저 배운 후 만 6세가 지나 초등학교에 들어가면 처음으로 읽고 쓰는 법을 배운다는 점도 마음에 들었다. 우리나라처럼 지식(글이나 말)이 아니라 세상을 살아가는 법을 먼저 습득한다는 점 말이다. 더불어 이번에 직접 보고 경험한 이 푸른 청정 자연에서 뛰어놀 내 아이들을 상상하니 당장이라도 떠나오고 싶은 마음이 생겼으니까. 그중에서도 단연 취리히^{Zürich}가 와 닿았다. 스위스의 모든 도시를 가본 것은 아니었지만 이번 여행에서 들렀던 도시 중에선 평생을 살기에 취리히가 가장 적합했다. 도시 생활에 익숙한 내겐 전반적인 생활과 관련된 편의시설 여부가 매우 중요한 선택 요소기 때문이다. 교통 편리하고, 마트 잘 갖춰져 있고, 언제든지 문화생활을 즐길 수 있는 미술관과 박물관이 가까이 있으며, 아침저녁으로 온가족이 다함께 산책을 즐길 수 있는 호반의 낭만까지 고루 갖추어진 취리히가 딱이었다.

그나저나 T군의 생각은 좀 다른 것 같던데…… 이번엔 옆에 딱 붙어 앉아 끈질기게 설득해야겠구나!

'기념품'이라는 건 이름에 걸맞지 않게 꽤 매력적인 요소를 갖고 있다.
여행지에서 가져온 물건을 다시금 접하는 순간 그날의 감동이 재현된다.
그때 만났던 바람과 멀리서 들려오던 이름 모를 음률이라든가
화창하게 내리쬐던 어느 가을날의 햇살까지도 내 눈앞에서 재현해 내는 그 물건은
기념품이라는 이름보다 '마법 상자'라는 이름이 더 어울릴지도 모르겠다.

Story

11

함께, 다시, 아침

매일 이곳에서 눈을 뜰 수 있다면

이탈리아, 치비타 디 바뇨레죠
Italia, Civita

He said
아침잠에서 막 깬 연인의 민낯마저 사랑스럽다면,
당신은 진정으로 그녀를 사랑하고 있는 것이다.

천공의 성, 라퓨타? 치비타!

그날의 아침을 제일 먼저 알려준 건 차창 밖에서 지저귀던 새들이었다.
지난밤 숙소를 구하지 못할 만큼 너무 늦게 도착한 탓에 마을 앞 주차장
에서 밤을 지새운 우리는 그 어느 때보다 이른 아침을 맞이했다. 뜨거웠
던 이탈리아의 한여름 무더위는 밤사이 한풀 꺾여 새벽 공기가 신선하기
그지없었다. 저 멀리 얕게 드리워진 안개 사이로 상상인 듯 몽상인 듯 허

공에 뜬 '치비타Civita' 마을이 어렴풋이 아른거렸다. 주변 지대의 암석들이 침식되면서 언덕 위에 독립적으로 남은 이 마을은 오늘처럼 안개가 자욱이 낀 날이면 환상 속에 그려진 그림처럼 보는 이의 감탄을 자아내기에 충분했다. 마을 어귀에 들어서자 밀도 높았던 이른 새벽의 공기가 말간 아침 햇살에 한층 가벼워졌음이 느껴졌다. 고요함······. 아직은 여행객이 몰리기에 이른 시간이었던지 고요한 거리를 활보하는 그림자는 N양과 나, 딱 둘뿐이었다. 콧속을 간지럽히는 아침 바람의 선선함이 좋았다.

본격적으로 사진 공부를 시작한 대학 시절, 유난히 좋아했던 작가가 한 명 있다. 그의 이름은 '으젠느 앗제Jean Eugene Auguest Atget.' 인적이 드문 이른 새벽의 파리 거리를 카메라에 담은 작가이다. 그의 사진은 잔잔했지만 강한 여운을 남기기에 한동안 보는 이의 가슴속을 맴도는 힘이 있었다. 아침잠이 많은 탓에 일상에서도, 여행 중에도 이른 아침을 맞이하는 횟수가 남들보다 현저히 적은 나였지만 치비타에서만큼은 오랫동안 기억될 아침을 보고 싶고, 담고 싶었다.

새벽이슬이 채 마르지 않은 촉촉한 흙담 사이를 천천히 거닐어 본다. 이 평화로운 고요함이 깨질까 봐 셔터를 누르는 손짓 하나도 조심스럽다. 담장 위에서 날 내려다보던 고양이 한 마리, 자신을 향하는 낯선 카메라가 부담스러웠던지 자리를 옮기는가 싶더니 이내 동네 친구를 만나 장난을 친다. 그 순간을 담는다. 집집마다 아침을 준비하는 분주한 그릇 소리가 새어 나오고, 막 구운 빵 냄새가 코를 자극한다. 어느 골목 구석의 현관 앞에서 아빠와 딸이 작은 실랑이를 벌이고 있다. 아빠의 머리 손질이 마음에 안 드는지 잔뜩 찌푸린 얼굴이다. 내가 가볍게 손을 흔들자 소녀는 아빠 뒤로 숨으며 수줍은 미소로 답을 한다. 그 순간을 담는다. 마을 주민들의 일상을 함께 한다는 것은 여행자에게는 특별한 선물과도 같다. 무방비 상태의 이른 아침이 아니었다면 이토록 스스럼없이 그들의 민낯을 보여주지 않았을는지도 모른다.

　　햇살이 제법 따갑게 느껴질 때 즈음 한 무리의 관광객들이 마을 입구에 모습을 드러낸다. 치비타로 오는 첫 관광버스가 이제 막 도착했나 보다. 무리 속에 동양인 커플이 보여 반가운 마음에 가볍게 목례를 하자 그들도 반갑게 인사를 한다. 그 일본인인 커플이 우리에게 먼저 말을 건넨다. "너희들 그거 아니? 치비타를 보고 만든 작품이 바로 〈천공의 성 라퓨타〉래. 어때? 많이 닮지 않았니? 천공의 섬 치비타……." 그러고 보니 미야자키 하야오의 작품에는 유독 유럽의 목가적인 풍경이 많이 묘사되어 있다는 사실이 떠올랐다. 어쩌면 그도 유럽 여행 중 이곳을 들렀을지도 모른다. 그도 치비타의 아침을 보았을까? 세상을 맑게 정화시켜 주는 듯한 이 신비로움을 그도 느꼈을까?

스위스, 그림젤 패스
Switzerland, Grimsel Pass

She said
고생 끝에 낙이 온다.

천 지 를 깨 우 는 알 프 스 의 푸 른 새 벽

호스텔을 전전하며 여행하는 게 여자로서 힘들지 않았냐는 물음에 난 이
렇게 대답하곤 한다. "두 다리 쭉 뻗고 잘 수 있는 침대와 따뜻한 샤워 시
설이 있고, 고민하지 않아도 아침 식사까지 해결할 수 있는데 힘들긴요."
진심이다. 차숙에 비하면 호스텔에서 자는 날은 몸도 마음도 그렇게 개운
하고 편할 수가 없었다. 반면 차에서 자는 하룻밤은 결코 호락호락하지

않았다. 여름엔 씻지 못해 불쾌했고, 겨울엔 밤새 추위에 떨어야 했다. 그런데 아이러니하게도 여행 중 맞이했던 400여 번의 아침 중 차숙한 다음 날의 풍경은 그 어떤 장면도 잊히지가 않는다. 어떤 날은 망망대해를 바라보며, 어떤 날은 태초의 대지 위에서, 또 어떤 날은 새하얀 눈밭 속에서 눈을 떴다. 유난히 어둡고 긴 밤이 지난 후 찾아오는 아침은 매 순간순간이 아름다웠다.

그중에서도 최고의 아침 풍경을 꼽으라면 단연 스위스의 '그림젤 패스Grimsel Pass'라 답하겠다. 그림젤 패스는 푸르카 패스, 수스텐 패스에 이어 절대 놓쳐서는 안 될 절경으로 손꼽히는 스위스의 3대 드라이빙 코스 중 하나이다. 우리나라로 치면 한계령이나 추풍령 같이 산을 타고 넘는 산악 도로인데, 그 아름다움에 대한 명성만큼이나 높고 험하기로도 유명한 곳이다. 위험을 감수하고서라도 아름다움을 훔칠 수 있는 자에게만 허락되는 자연의 보상이랄까?

자동차로는 정상까지 한 시간이면 오를 수 있는 코스였지만 우리의 속도는 자전거로 오르는 사람들보다도 훨씬 느렸다. 한 굽이 한 굽이를 돌 때마다 도로 한쪽에 마련된 뷰포인트를 그냥 지나치지 못하고 자꾸만 멈춰서기를 반복했기 때문이다. 그렇게 천천히 아름다운 풍경을 음미하면서 정상 부근에 다다랐을 즈음 T군이 외쳤다. "저기 좀 봐! 저런 곳에 웬 신호등이 있어!" 자세히 보지 않으면 그냥 지나칠 법한 아주 작은 신호등이었다. 우리 말고는 아무도 그 길을 발견하지 못했는지 다들 정상을

향해서만 쌩쌩 달려가고 있었다. T군은 얼른 핸들을 틀어 신호등 앞에 차를 세웠다. 그 너머엔 소형차 한 대가 겨우 지날 수 있을 만큼 좁은 비포장도로가 나 있었다. "어디로 향하는 걸까? 중간에 차를 돌려 나올 수도 없겠는걸? 가도 될까?" 잠시 고민하는 사이 반대편에서 자동차 한 대가 쑥 빠져나오더니 이내 불은 녹색으로 바뀌었다. "가 보자!" 오후 내내 올라온 산의 높이만큼이나 아찔한 낭떠러지를 옆에 끼고 자동차 바퀴는 이미 돌아올 수 없을 것 같은 좁은 길을 비끄러져 들어가고 있었다.

객기에 들어오긴 했지만 20년 가까운 운전 경력을 가진 T군도 벌벌 떨 만큼 길은 좁고 높고 위험했다. 앨리스가 사는 이상한 나라로 향할 것만 같은 외길은 가도 가도 끝이 보이지 않았고, 자동차 주변으로는 이미 어둑어둑 땅거미가 내려앉기 시작했다. 더 이상 앞으로 나아가는 건 무모하다 싶어 차 두 대가 겨우 스쳐 지나갈 수 있을 만한 공간에 일단 주차를 했다. 날이 밝으면 다시 움직이기로……. 그 사이 해는 완전히 저물어 한 치 앞도 보이지 않을 만큼 깜깜해져 있었다. 적막함만이 감도는 깊은 산속에서 비스킷으로 간단히 허기를 때운 후 우리는 차숙을 준비했다.

8월이라고 만만하게 봤던 알프스의 밤은 춥고 길고, 배고팠다. 밤새 세차게 부는 바람 소리에 이대로 자동차와 함께 어디론가 날아가는 건 아닐까 걱정스러웠지만 그 와중에도 깜빡 잠이 들었었나 보다. 새벽녘이 되어 더 이상 참을 수 없는 한기에 번쩍 눈을 떠 보니 창밖엔 어느새 여명이 밝아오고 있었다. "살았다!" 하늘과 땅을 반으로 가르는 청초한 새벽빛

에 난 추위도 잠시 잊고 영롱한 푸른빛 속으로 빠져들었다. 저 먼 하늘 끝에서부터 시작된 대자연의 빛은 지난밤 깊은 어둠에 가려져 보이지 않았던 웅장한 알프스의 첩첩 산들을 뚫고 내게로 쏟아져 내렸다. 목숨을 담보로 이곳에 온 보람이 느껴질 만큼 지금껏 어디에서도 볼 수 없었던 성스럽고 장엄한 광경이었다. 과연 살면서 이런 멋진 아침 풍경을 다시 볼 수 있을까?

Story
12

함께, 다시, 축제
살아 있는 축제의 날들

프랑스, 니스 핑크 퍼레이드
France, Nice Pink Parade

He said
남에게 피해를 주지 않는 선에서, 스스로의 감정에 충실한 것은 절대적인 선이다.

자신에게 귀를 기울여라!

나는 한 지방 도시에서 유년 시절을 보냈다. 지금 생각해 보니 그곳은 보수적 색채가 꽤 강한 곳이었다. 평생을 그곳에서 보내신 아버지는 가문과 전통을 매우 중요하게 여기셨으며, 본인의 소신이나 의향보다는 타인이 당신을 어떻게 바라보는가를 더 중요하게 생각하는 분이셨다. 그런 아버지의 가르침으로 나 역시 내 말과 행동을 남들이 어떻게 생각할 것인가에

중점을 두어 생각하는 버릇이 생겼고, 그러다보니 정작 본심은 꽁꽁 닫아 두고 살았다. 한 번 무시하기 시작한 마음의 소리는 평생을 침묵으로 일관하였고, 이제는 다시 꺼내 듣고 싶어도 들리지 않을 지경까지 오게 되었다. 그렇기에 세계 여행을 떠나기로 했을 때 오랫동안 닫혀 있던 내 안의 이야기를 들을 수 있으면 좋겠다는 막연한 기대가 있었다.

　　N양과 함께 한여름의 니스 거리를 걷던 중이었다. 저쪽 한편에 우르르 사람들이 몰려 있었나. 형형색색의 색종이들이 사람들의 머리 위로 날아다니고, 경적 같은 우렁찬 팡파르가 연신 귀를 울렸다. '핑크 퍼레이드Pink Parade'라 했다. '내가 아는 핑크 퍼레이드는 유방암 의식 향상 캠페인인데?'라고 생각하며 거리에 떨어진 퍼레이드 안내문을 주워 읽어 보았다. 게이나 레즈비언 등의 성소수자들이 벌이는 동성애 지지 행진이라 했다. '뭐라고? 온 가족이 함께 모이는 여름휴가철의 니스에서 망측한 동성애 지지 퍼레이드라고?' 순간 화들짝 놀랐지만 연신 자존감 넘치고 당당한 그들의 모습에 매료되어 나도 모르게 구경꾼들을 제치고 가장 앞줄로 비집고 들어갔다. 가까이에서 본 그들의 얼굴은 더 의외였다. 성소수자들이 의기소침한 얼굴을 하고 있지 않을까 막연히 생각했지만 그들의 얼굴에서 그런 빛은 찾아볼 수 없었다. 대신 밝고 신나는 호기로움이 넘치고 있었다. 화려한 드레스와 야한 란제리로 치장한 남자들. 내 눈에 그들은 그냥 남자였다. 마치 전쟁터에서 훈장 서너 개쯤은 받은 군인이 억지로 여자 옷을 입고 있는 것 같아 보였달까? 그런데도 어쩌면 저렇게 손짓

이며 표정, 눈빛 하나까지 당차고 행복해 보이는지 놀라울 뿐이었다. 무모한 용기일까, 애절한 간절함일까? 그들이 들고 있는 피켓의 문구가 눈에 들어왔다.

'Be Yourself!'

아하, 그들은 마음의 소리를 들을 줄 아는구나! 그래서 스스로 무엇을 원하는지를 정확히 알고 있는 거였어! 자신의 소리에 귀 기울이고 스스로에게 당당할 수 있는 모습을 찾아가기에 저리도 행복한 거구나 하는 마음에, 평생 그들을 이해할 수는 없겠지만 적어도 응원할 수는 있을 것 같다고 생각했다.

열심히 책을 읽는다고 해서, 이미 고정된 생각을 고쳐 보려 아무리 노력한다 해도 지금 여기 서서 저들의 눈을 바라보지 않으면 절대 깨달을 수 없는 것들이 있다. 내 삶에서 가장 중요한 것은 나 자신일 것이다. 주변 사람들을 의식한 나머지 가장 중요한 내 안의 목소리는 외면한 채 스스로 행복해지기를 바라는 것 자체가 이룰 수 없는 바람일지도 모른다. 몸에 밴 깊은 습관이 하루아침에 바뀔 수는 없겠지만 오랫동안 굳게 닫혔던 내 마음의 소리를 여는 열쇠 정도는 찾은 하루였다. 뜨겁고 강렬했던 니스의 해변에서.

프랑스, 아비뇽 페스티벌
France, Avignon Festival

She said
인생이 늘 행복할 수만은 없듯 여행도 그렇다. 오늘 비가 오면 내일은 무지개가
뜰 것이고, 당장의 슬픔을 참고 견디면 더 큰 기쁨이 되어 돌아오듯이.

희로애락? 인생도, 여행도 한 편의 연극처럼

프랑스와 스페인, 포르투갈을 넘나들며 한 달여 간 동고동락했던 일행의
분위기가 지난밤엔 매우 안 좋았다. 평소 아늑하고 낭만적이라 여겼던 유
럽의 캠핑장이 그 밤엔 끝 간 데 없이 우울하기만 했다.

　　사실 차 한 대로 모두가 함께 이동해야만 하는 이번 여행에선 처음
부터 서로에 대한 배려와 양보가 절실히 필요했던 게 사실이다. 개성 강한

우리 다섯 명이 늘 함께 움직이기엔 각자 가고 싶은 곳도, 하고 싶은 것도 모두 달랐기 때문에 이렇게 된 게 어느 한 사람만의 잘못은 아니다. 그저 시간이 흐를수록 누군가의 양보가 희생이 되고, 서로에 대한 배려는 불편한 눈치 보기로 전락했다고나 할까? 그 밤, 우리 다섯은 오래도록 깊은 이야기를 나누었고 각자의 인생에서 소중한 시간을 내어 떠나온 길인만큼 이번 여행에서만큼은 오롯이 나만을 위해 만족도 높은 여행을 해 보고 싶다는 결론이 났다.

이튿날 새벽, 우리 부부를 제외한 나머지 세 명은 제 몸집보다 더 큰 배낭을 메고 각자 자신이 꿈꾸는 여행을 찾아 떠났다. 자동차는 내 명의로 빌렸기 때문에 우리가 계속 타고 여행하기로 했다.

일행이 떠난 후 T군과 나는 바람 빠진 풍선마냥 흐느적거리며 텅 빈 텐트 속에서 한참 동안 말없이 누워 있었다. 이성적으로는 서로를 위한 결정이라 위로했지만 매일 밤 함께 잠을 자고, 함께 밥을 먹었던 커다란 텐트에 덩그러니 둘만 남겨지자 그 허전함은 생각보다 컸다. '어쩌다 이렇게 됐을까?', '무엇이 우리를 끝으로 내몰았나?', '어디서부터 삐걱거린 걸까?' 등 온갖 후회와 반성이 머릿속에 맴돌았다. 게다가 그날은 내 생일이기도 해서 T군이 옆에 있음에도 불구하고 친구들이 떠난 빈자리가 내게는 더 외롭고 쓸쓸하게만 다가왔다. 처음부터 함께 하지 않았다면 모를까, 둘보다 큰 셋이 빠져나간 후 묵직한 상실감에 여행에 대한 설렘도, 의욕도 다 사그라질 때쯤 먼저 자리를 박차고 일어선 건 T군이었다. 사랑하는 부인의 생일을 이렇게 허무하게 보낼 수는 없다며 축 늘어진 내 손을 잡고 애초에 계획했던 대로 아비뇽Avignon으로 향한 것이다. 그의 손에 이끌려 아비뇽으로 가는 차창 밖의 풍경은 프로방스의 여름 하늘답게 푸르고 청명했다. 덕분에 한동안 풀리지 않을 것 같던 회색빛 내 마음도 시나브로 맑아졌다.

아비뇽에 도착했을 때 가장 먼저 눈에 들어온 것은 구시가지의 건물 벽면을 빼곡히 채운 수천 장의 공연 홍보 포스터들이었다. 마임, 연극, 인형극에서부터 댄스, 서커스, 클래식 음악 공연까지 세상의 모든 희로애락이 아비뇽 거리로 모여든 것만 같았다.

수천, 아니 수만 장은 돼 보이는 포스터들을 따라 걷다 보니 문득 치열했던 나의 스무 살이 떠올랐다. 한때 내 꿈은 공연기획자였고, 당시 치기 어린 내 목표는 이곳, 아비뇽 페스티벌에 참가하는 것이었다. 방문한 목적이야 어떻든 10년이 훌쩍 지난 후 그렇게나 와 보고 싶었던 꿈의 아비뇽 페스티벌 한가운데에 서 있다는 사실에 새삼 가슴이 벅차오름과 동시에 간사하게도 아침에 헤어진 일행들과 함께 왔다면 내가 보고 싶은 공연 하나를 정하는 데에 또 한 번 배려와 양보라는 이름의 '눈치'가 보였을 것 같다는 생각이 함께 들었다.

여행하는 내내 그 누구도 날 구속하거나 속박한 적은 없었지만 영혼까지도 탈탈 자유로워질 것 같은 아비뇽 페스티벌에 와서야 비로소 진정한 자유와 해방의 기분을 만끽할 수 있었다. 사실 인포메이션 센터에서

공식 선정 부문의 공연 정보를 얻을 수 있는 프로그램 책자를 받았지만 예술에 대한 꿈과 열정, 거기에 실력까지 제대로 갖추고 전 세계에서 모여든 재주꾼들로 가득 찬 이곳에서 공식과 비공식을 나눈다는 것 자체가 무의미하게 느껴졌다. 거리 공연만으로도 내 온 마음과 영혼을 사로잡기엔 충분했다.

난 어느 좁은 골목길 구석진 모퉁이의 사소한 공연 하나라도 놓칠세라 종종걸음으로 아비뇽 구시가지를 헤집고 다녔다. 호주에서 온 기타리스트는 날 위한 세레나데를 불러주는 것만 같았고, 연극(콩트) 속 중세 기사 또한 날 위해 이 도시를 지키는 것만 같았다. 일본에서 왔다는 광대들도 날 위해 웃겨주는 것 같았고, 저 구석진 모퉁이에서 색소폰을 불던 흑인 악사도 쓸쓸히 날 위해 울어주는 것만 같았다. 모두들 손 내밀면 닿을 거리에서 관객 한 명 한 명의 눈을 맞추며 교감을 이뤘기 때문이다. 그중 나이도, 국적도, 인종도 제각각 다른 관객들을 대사 한마디 없이 배꼽 잡게 웃겼던 백발 할아버지의 팬터마임은 지금껏 봤던 공연 중 단연 최고였다. 5명의 어린 관객을 불러내어 함께 호흡했고, 떨어진 쓰레기와 지나던 비둘기까지 공연의 소재로 활용할 줄 아는 재치와 아이디어에 감탄을 금할 수 없었다.

별일 아닌, 여행을 하다 보면 어쩔 수 없이 일어날 수도 있는 일말의 사건 때문에 하루 종일 우울하게 보낼 뻔한 나의 서른한 번째 생일. 다행히 아비뇽 거리에서 신나게 웃고 떠들고 춤추고 노래한 덕에 그깟 우울함을 금세 털고 일어날 수 있었다. 관광객과 함께 즉석에서 호흡하고 교감하며 살아 있는 감동을 만들 줄 아는 열린 축제였기에 잃어버릴 뻔한 자유와 설렘 그리고 여행에 대한 열정을 다시금 되찾을 수 있었던 하루였다.

음식
FOOD

MACARON
CARAMEL
AU BEURRE
SALE

Story

13

함께, 다시, 카페

여행이 더 소중해지는, 느린 하루

스위스, 몽트뢰
Switzerland, Montreux

He said
생각을 바꾸면 행복이 보인다.

작은 행복은 결코 작은 것이 아니다

장기 여행을 하다 보면 여행이 일상이 된다. 아침에 일어나 밥을 먹고, 미리 알아보았던 정보에 맞춰 오늘의 계획을 짠 후 기계적으로 한 곳씩 순회를 마치는 게 하나의 일과가 된다. 시간에 쫓기지 않아도 될 것처럼 보이는 긴 여행이지만, 엄연히 이 여행에도 주어진 시간의 한계라는 것이 존재한다. 특히나 유럽은 '셍겐조약Schengen Acquis(유럽 각국이 공통의 출입국 관리 정

책을 사용하여 국경 시스템을 최소화해 국가 간 통행에 제한이 없게 한다는 내용을 담은 조약'으로 묶여 있어 시간적 제약이 더욱 심하다. 사정이 이렇다 보니 우리는 하루하루를 헛되이 보내면 안 된다는 강박관념에 휩싸이게 되었다. 그래서일까? 많은 것을 보고 경험하며 즐거운 시간을 보내는 중에도 언젠가부터 마음속에선 풀리지 않는 피곤함과 불편함이 자리 잡기 시작했다.

스위스의 인터라켄은 셍겐조약에 속한 마지막 여행 도시였다. 일주일 후 스코틀랜드로 떠나는 비행기 표 역시 이미 예매를 마친 상태였고. 그런데 일이 발생했다. 인터라켄에 예약해 놓은 숙소와 기차표들이 신용카드 오류로 인해 결제가 안 되어 있었던 것이다. 다시 예약을 하자니 시간적 여유도 없었고, 그렇다고 다른 곳으로 방향을 돌리자니 주변 도시는 이미 다 둘러본 후였다. 우리는 고심 끝에 여행 중 알게 된 친구가 살고 있는 '몽트뢰Montreux'에서 휴가 아닌 휴가를 보내기로 했다. 갈 곳 없는 우리를 은실네 식구들은 흔쾌히 받아주었고, 기꺼이 일용할 양식과 거처를 내주었다. 사전 정보 하나 없이 갑자기 가게 된 몽트뢰는 우리에게 그저 아름다운 알프스의 작은 마을이었다.

마침내 해야 할 일이 사라졌다. 느긋하게 일어나 아침을 맞이했고, 배가 고프면 끼니를 때웠으며, 시간이 나면 동네 골목을 어슬렁거리며 돌아다니는 게 일상의 전부가 되었다. 사실 이 마을 또한 볼 것 많고, 해야 할 것도 많은 스위스의 대표적인 관광지 중 하나였지만 우리가 이곳에서 진정으로 원한 것은 게으른 휴식이었기에 애써 그런 정보들을 찾으려 노력하지 않았다. 덕분에 몽트뢰에서 지내는 동안 난 마음이 내키는 대로 행동할 수 있었다.

몽트뢰에서의 평범하고도 게으른 나날 속에서 내가 가장 사랑한 곳은 아침 산책을 할 때마다 지나치던 '크리스토프와 리차드의 가게Chez Christophe et Richard'이다. 천천히 골목길을 걷다가 갓 구운 크루아상의 고소한 내음에 이끌려 카페로 들어선다. 푹신한 소파에 몸을 파묻고, 창가에 서성이던 아침 햇살을 정면으로 맞이한다. 묵직한 책장에서 책 한 권을 꺼내 들어 몇 장 읽어 내려가다 보니 어느새 테이블에는 리차드가 갓 뽑아 온 진한 에스프레소와 온기가 채 가시지 않은 크루아상이 놓여 있다. 지루해지면 책을 무릎에 내려놓은 채 창턱에 팔을 괴고 밖을 내다본다. 시시각각으로 변하는 아름다운 몽트뢰 호수를 배경으로 간혹 늦은 출근길에 종종걸음으로 지나는 이들이 보인다. 나뭇잎 사이로 부서지는 한여름의 청량한 바람이 내게 불어온다. 얼마 만에 느껴보는 완벽하고도 깊은 여유인가?

매일 같이 들른 크리스토프와 리차드의 가게에서의 시간은 그래서 나에게 더없이 소중했다. 유명한 유적지나 건물을 찾으러 가던 길이었다면 지나쳤을지도 모를, 아니 분명히 지나쳤을 카페. 여행의 감동은 봐야 할 것의 크기에 비례하진 않는다. 크고 대단한 것을 보지 않았다고 해서 그 여행이 결코 헛된 건 아니라는 사실! 먼 곳만 바라보던 시선을 거두어 내리면 내 발아래의 반짝이는 은화 한 닢이 보인다. 몽트뢰의 조그마한 카페에서 되찾은 여유로운 일주일은 여행 중에 발견한 뜻밖의 행운이자 크나큰 행복이었다.

이탈리아, 타오르미나
Italia, Taormina

천국 같은 타오르미나, 매일 오늘만 같아라

괴테는 그의 저서 《이탈리아 기행》에서 '타오르미나Taormina'를 '작은 천국의 땅'이라고 했다. 구불구불한 해안 도로를 따라 오르고 또 오르면 마침내 천국, 타오르미나가 나타난다. 단지 높은 곳에 있어서 천국을 닮은 것만은 아니었다. 바라보고만 있어도 마음이 평온해지는 푸른 이오니아해가 끝도 없이 펼쳐져 있고, 집집이 놓인 발코니 앞에는 색색의 꽃들이 만

발한 곳. 거리에선 흥겨운 음악 소리가 끊이질 않고, 스치는 행인들의 얼굴에는 미소가 가득했다. 그중에서도 난 도시 전체에서 느껴지는 생동감 넘치는 에너지가 천국의 그것 같다고 생각했다.

오늘은 기필코 T군을 구슬려 근사한 레스토랑, 아니 싸구려 카페라도 들어가 느긋한 하루를 보내야겠다 생각했다. 여행을 시작한 뒤로 마음은 늘 한껏 여유롭고 싶었지만 가난한 배낭여행자의 현실은 그렇지 못했다. 워낙에 먹는 데에 돈 쓰는 것을 아까워하는 T군의 탓도 있었지만, 실은 빠듯한 예산에 쫓기다 보니 사치스러운 외식보다 실속을 챙길 수 있는 관광지 입장권이 먼저였다. 하지만 모든 것이 느리고 평화로운 이곳에서 만큼은 우리만 발발거리며 돌아다니는, 천국에 적응하지 못한 낯선 이방인이 되고 싶지 않았다.

오래된 도시답게 타오르미나에는 유난히 계단 골목이 많았다. 그 좁은 골목의 안쪽에는 어김없이 멋진 레스토랑과 카페, 그리고 아기자기한 상점들이 자리하고 있었다. 골목골목을 휘저으며 움베르토 1세 거리의 끝자락에 다다르자 사방이 탁 트인 4월 9일 광장이 나타났다. 내 마음을 읽은 걸까, 그도 천국 같은 이곳에선 마음이 동한 걸까? 광장이 가장 잘 내려다보이는 어느 골목의 계단 꼭대기에 있는 예쁜 레스토랑을 가리키며 "오늘 점심은 저기서 먹자!" 한다. 점심 한 끼 외식하자는데 이렇게 감동스러울 수가!

마치 처음부터 3단 레스토랑을 차리기 위해 만들어 놓은 것처럼

계단 중간 중간에 테이블을 놓을 수 있는 널찍한 공간이 마련되어 있는 게 신기했다. 우리는 가장 높은 세 번째 단에 위치한 야외 테이블에 자리를 잡고 앉아 신중하게 메뉴를 선택했다. 최종적으로 크림 파스타와 해산물 리조또를 주문한 후에야 고개를 들어 눈앞의 풍경을 내려다보았다. 가슴이 뻥 뚫리는 광경이었다. 저 멀리 광장 난간에 기대어 선 사랑스러운 연인들과 화목한 가족들의 뒷모습 너머로 구름인지 바다인지 지상 세계인지 모를 파아란 아름다움이 넘실거렸고, 광장 중앙에는 거리의 화가와 행위 예술가들이 모여 관광객의 눈을 즐겁게 해주고 있었다. 또한, 1층 노천카페에서 흘러나오는 라이브 재즈 덕분에 귀까지 호강하는 날이었다.

그런데 한참이 지나도 주문한 음식이 나오지 않았다. T군이 손을 들어 웨이터를 부르려는 찰나 난 그를 제지하며 오늘은 그냥 나올 때까지 기다리자 말했다. 우리만 왔다 갔다 하는 웨이터를 째려볼 뿐 주변에 있는 어느 누구도 음식이 늦게 나오는 것에 대해 의문을 제기하지 않고 있음을 알아챘기 때문이다. 대신 사람들은 애피타이저를 즐기며 느긋하게 대화를 나누거나 라이브 음악을 들으며 조용히 풍경을 감상하였고, 혼자 온 이들은 각자 책을 꺼내들어 읽고 있었다. 그들이 느린 게 아니라 빨리빨리 문화에 익숙한 우리가 틀린 거였다.

잃어버린 여유를 찾아 떠나온 여행이었는데, 난 왜 그리도 앞만 보고 바쁘게 걸었을까? 누가 외식은 사치스럽고, 관광 입장권은 실속 있다 정의했는가? 그랬다, 내가 원했던 여행이 이런 거였다. 시간과 예산 따위에 허덕이지 않는, 분위기 좋은 카페에서 브런치를 즐기며 운치 있는 유럽의 풍경과 지나는 사람들을 바라보며 느긋한 하루하루를 보내는 것……. 맛있는 음식과 천국 같은 풍경이 함께하는 타오르미나의 오늘이 끝나지 않았으면 좋겠다. 내일도, 모레도 이 야외 테이블에 앉아 맛있는 파스타를 먹으며 시간을 여유롭게 흘려보내면 좋겠다.

Story

14

함께, 다시, 힐링

내 삶에 쉼표가 필요할 때

스위스, 로이커바드
Switzerland, Leukerbad

He said
지친 심신을 달래기, 온천욕만 한 게 또 있을까?

알프스의 산자락에 자리 잡은 은밀한 그곳

우린 지쳐 있었다. 한국을 떠나온 지 300여 일이 훌쩍 넘었다. 보통의 휴가를 떠올린다면 일상을 탈출한 하루하루가 마냥 신나고 재미있겠지만 장기 여행자에게 여행은 다시 일상이 된다. 우리는 열심히 여행했다. 참열심히도 살았다는 말이 더 맞겠다. 새로운 곳에 이르면 작은 볼거리 하나라도 놓칠세라 하루 종일 발발거렸고, 야경 한 컷도 포기할 수 없었기

에 늦게까지 나다니기 일쑤였다. 내일은 좀 느긋하게 여행하자 다짐하고 다짐해 봐도 더 많이 보고 싶고, 더 다양하게 경험하고 싶은 욕심을 채우려다 보니 어느새 몸도 마음도 지쳐가고 있었다.

이런 우리에게 온천으로 유명한 '로이커바드Leukerbad'는 더할 나위 없이 매혹적인 곳이었다. 따끈한 물에 몸을 담그고 우뚝 솟은 대자연을 바라보는 게 이곳을 찾은 여행자가 해야 할 일의 모든 것이기 때문이다. 지하 암반에서 솟아오른 천연 온천수에 몸을 담그니 그동안의 여독이한 번에 빠져나가는 느낌이었다. 지친 세포 하나하나에 맑은 물방울들이 알알이 맺혀 피로를 닦아내고, 온몸을 감싸고 도는 자욱한 수증기가 잊고 지냈던 나른한 평온함을 일깨웠다. 게다가 눈앞에 펼쳐진 웅장한 알프스라니……. 신선놀음이 따로 없었다. 로이커바드는 세상의 모든 지친 이들을 위한 파라다이스라 칭해도 부족함이 없다.

'온천'이라는 장소는 내게 단순한 목욕탕이 아닌 그 이상의 의미로 남아 있다. 한창 공부에 몰두해야 했던 학창 시절, 편두통과의 싸움으로 숨조차 쉴 수 없이 스트레스를 받던 그때. 나의 유일한 도피처는 고향과 가까운 유성온천이었다. 주말이면 목욕을 한다는 핑계로 유성으로 떠나곤 했다. 부모님의 잔소리도 없고 책을 잡을 수도 없던 면죄의 시간, 적어도 물속에 몸을 담그고 있는 그 순간만큼은 아무것도 할 게 없지 않은가? 그 시절 온천을 찾아 나선 건 목욕이 아니라 오롯이 나만을 위한 힐링의 시간이 필요해서였을 것이다.

그런데 이 먼 스위스 땅에도 온천이 있다니! 오래간만에 나만을 위한 힐링의 시간을 가지고 나니, 잊고 지냈던 고향 친구를 만난 듯 지쳤던 심신에 큰 위로가 되었다.

프랑스, 니스
France, Nice

She said
지친 당신을 채워 줄 원색의 에너지가 가득한 곳.

바닷가 옆 미술관

사는 게 힘들 때면 내가 나를 안아줄 수 있으면 좋겠다는 생각을 한다. 너무나 힘들고 지치면 곁에 있는 남편도, 부모님도, 친구도 다 소용이 없다. 그냥 나를 제일 잘 아는 내가 나를 꼭 끌어안고 토닥토닥 다독여 줬으면 싶다. 그럴 때면 홀쩍 여행이라도 떠날까 마음먹어 보지만 그것조차 쉽진 않았다. 아침이면 또다시 출근 버스에 올라야 했으니까. 어렸을 적엔 그 순간을 술로 모면하려 한 적도 많았다. 술과 함께 하하, 호호 진탕 웃고 즐기고 나면 가슴에 얹힌 답답한 돌덩어리가 사라질 수 있을 거란 착각을 했다. 하지만 이튿날엔 '숙취'라는 돌덩이가 하나 더 들어앉아 사태는 더 악화되곤 했다. 나이가 조금 더 들고 나서는 카페에서 멍하니 지나가는 사람들을 구경하거나 주말 오후 가까운 미술관에 다녀오는 것으로 마음을 달랬다. 그렇게라도 나 자신을 보듬어야 미약하게나마 또 한 주를 살아갈 힘이 생겼다.

　　니스는 푸른 에너지가 넘치는 도시였다. 세계적으로도 유명한 휴양 도시답게 우리가 머무는 내내 하늘은 청명했고, 사람들의 얼굴엔 밝은 미소가 가득했다. 아무리 고되고 무거운 삶을 짊어진 이라도 새파란 니스의 바다 앞에 서면 어깨 위 모든 짐들을 흘려보내고 가볍게 돌아설 수 있을 것만 같았다. 속 시원히 털어버리고 돌아선 얼굴엔 잃어버린 미소와 여유도 되살아나겠지. 파도에 쉴 새 없이 휩쓸리며 자그락거리는 몽돌들이 내게 속삭였다. "이 바다는 끝도 없이 넓고 넓어서 네 걱정거리 정도는 얼마든지 흘려보내도 전혀 문제될 게 없단다." 아무것도 묻지 않고 파란 가슴을 먼저 내미는 포근한 바다의 품이 좋아 한참이나 그 곁을 서성였다.

　　길게 이어진 니스의 바닷가를 걸으며 한결 편안해진 마음으로 마티스 미술관을 향해 발걸음을 옮겼다. 니스는 줄곧 파란색이 참 잘 어울린다 생각하고 있었는데, 붉은색 강렬한 마티스 미술관의 외관 앞에서 난 적잖이 당황할 수밖에 없었다. 하지만 여느 미술관의 분위기와는 다른, 마티스의 옛 집을 개조한 것 같은 따뜻함을 지닌 미술관의 내부 모습에 이내 붉은 경계심은 누그러들었다. 아니나 다를까, 마티스는 아니지만 예전에 누군가의 별장이었다고 했다. 그동안 쌓인 여행의 피로와 마음 한편에 여전히 남아 있던 미래에 대한 불안까지 니스 앞바다에 시원하게 쏟아낸 후 뻥 뚫린 가슴속이 다채로운 마티스의 색채로 다시금 조금씩 채워지고 있음이 느껴졌다.

한편, 샤갈 미술관은 마티스 미술관과는 전혀 다른 현대적이며 세련된 분위기를 풍겼다. 연이은 미술관 투어에 지칠 법도 했지만 몸속 에너지는 점점 가득히 충전되는 것 같았다. 샤갈 미술관 내부의 각 작품들 앞에는 조그마한 벤치가 유난히 많았다. 스윽 지나가며 눈으로만 훑는 게 아니라 한참 동안 그 앞에 머무르며 가슴으로 느껴 보라는 의미인 것 같다. 사실 언제부턴가 일상을 벗어나고 싶을 때면 찾곤 했던 데가 미술관이었지만 돌이켜 생각해 보니 작품을 제대로 감상했다기보다는 조용한 도피처가 필요했던 것 같다. 샤갈 미술관에서 처음으로 작품을 감상하는 재미에 눈을 떴다. 미술관 자체가 그리 넓지는 않았지만 한 작품 한 작품 집중하여 감상하다 보니 시간이 좀 걸렸다. 한참이 지난 후 미술관 뒷마당으로 빠져나오니 T군이 녹색의 샤갈 정원 아래 시원한 레몬주스를 시켜놓고서 날 기다리고 있었다.

샤갈 미술관까지 둘러본 후에야 깨달았다. 니스가 내뿜는 에너지는 푸른색이 아니라 밝고 강렬한 원색의 에너지라는 걸. 이제는 사는 게

힘들 때면 새파란 니스의 앞바다가 생각날 것 같다. 붉은 마티스의 미술관이 생각날 것 같다. 그리고 녹색의 샤갈 정원을 떠올리면서 다시금 힘을 내어 살아갈 힘과 미소, 그리고 여유를 찾을 수 있을 것 같다.

사람들, 햇살, 어디선가 들려오던 음악들이
그날의 그 시간을 떠올리게 한다.
때론 이 자유로운 배우들이 만든 무대가
자연이 보여주던 웅장한 대공연을 압도하는
강한 여운을 남겨주기도 한다.

Story

15

함께, 다시, 기억

시간이 멈춰 버린 그곳

오스트리아, 인스브루크
Austria, Innsbruck

He said
가끔은 정말 말도 안 되는 일이 일어나곤 한다. 정말이다.

난 지금 그때 그곳에 있다

'타임 슬립Time Slip'이라는 단어를 아는가? 타임머신과 같은 기계의 힘을 빌리지 않고, 자기도 모르는 사이 다른 시간으로 미끄러져 들어가는 현상을 지칭하는 말이다. 장소는 그대로인데 과거나 미래 등 시간의 변화만 경험하게 되는 기이한 현상, 물론 과학적으로 증명된 것은 아무것도 없다. 타임 슬립…… 지금부터 오스트리아의 한 도시에서 내가 실제로 겪었던 신

Das Tirol Pa

→ *100*

Der Bergisel ist ein geschichtsträchtiger Ort. Vor mehr als zweihundert Jahren lieferten sich hier Tiroler Aufständische und das Heer der bayerischen Regierungsmacht blutige Gefechte. In der Bergiselschlacht vom 13. August 1809 gelang es den Tiroler Aufgeboten, die Bayern zurückzuschlagen und zum Abzug zu zwingen.

Ende des 19. Jahrhunderts ließen Innsbrucker Bürger die legendäre Schlacht in einem Panoramabild darstellen – tausend Quadratmeter, Kampfgetümmel vor einer majestätischen Naturkulisse. Das „Riesenrundgemälde" sollte patriotische Gefühle wecken und im Ausland für Land und Leute werben. Zugleich war das Bild auch eine Beschwörung: Die Heimat kann gerettet werden!

Am Bergisel begegnen sich Ereignis und Erinnerung. Die Tiroler Kaiserjäger sahen sich als Erben der Freiheitskämpfer von 1809. Sie errichteten hier einen Schießstand, Denkmäler und ein Museum. Das alte Europa taumelte aber bereits seinem Ende entgegen und zwischen den Nationen und Klassen taten sich tiefe Gräben auf. Als sich mit der Teilung Tirols nach dem Ersten Weltkrieg die Geschichte der Fremdherrschaft zu wiederholen schien, wurde 1809 endgültig zum Mythos eines leidgeprüften Landes.

Das Tirol Panorama erzählt von der Behauptung Tirols, vom Widerstand gegen zentrale Gewalten und fremde Mächte, von Weltoffenheit und Abwehr der Moderne, von starkem Glauben und erfundenen Traditionen, von der Auseinandersetzung mit der Natur und der Überwindung der Grenzen – ein Land auf der Suche nach sich selbst.

기한 경험을 이야기하려 한다.

알프스의 청정 자연을 품은 인스브루크Innsbruck의 모습은 곱디곱게 자란 소녀와 같이 맑고 순수하다. 이 도시가 한때 핏빛 전쟁의 소용돌이 속에서 온갖 파란을 겪을 대로 겪은 곳이라는 것을 유추할 수 있는 요소는 그 어디에도 없다. 하지만 사실이다. 지형적으로 동으로는 오스트리아, 서로는 스위스, 남으로는 이탈리아, 그리고 북으로는 독일과 인접해 있는 교통의 요충지이기 때문에 주변 국가들이 호시탐탐 약탈의 기회를 꿈꿨던 것이다.

그런 이곳 인스브루크에는 200여 년 전의 전투를 기록해 놓은 '티롤 박물관Tiroler Landesmuseen'이 있다. 평소 같으면 지루해했을 역사박물관에 불과했지만 오늘은 왠지 기대가 된다. 소녀의 이면, 또 다른 인스브루크를 만날 수 있다는 생각에 두근두근 설레기까지 한다.

긴 통로를 지나자 커다란 홀이 우리를 맞이한다. "와!" 하는 탄성이 절로 튀어나온다. 커다란 원형의 홀 벽을 따라 360도로 이어진 거대하고도 거대한 원형 회화의 한가운데로 발을 들여놓은 순간이다. 귓가엔 군중들의 커다란 함성 소리가 울리고, 눈앞에는 총칼로 무장한 병사들이 몰려오고 있다. 등 뒤에는 적들을 막아내는 티롤리언(현재 인스브루크가 속한 티롤 지역에 사는 사람들을 부르는 말)들이 비장한 방어선을 구축하고 있고, 난 그들 사이에 우두커니 서 있다. 대포 연기에 눈앞이 점점 희미해진다. 아슬아슬하게 내 옆을 스쳐 지나간 총알들은 사정없이 나무를 관통하고, 그

나무의 파편이 여기저기에 흩어진다. 발아래엔 붉은 피를 흘리며 구원의 손길을 내미는 처절한 노인이 달려든다. '어떻게 해야 하지?' 온갖 화약 냄새와 연기로 진동하는 전장, 어서 이곳에서 도망쳐야겠다는 생각만 들 뿐이다.

그때, 티롤리언들이 지키고 선 언덕 아래 저 멀리에 우뚝 솟은 교회 하나가 눈에 들어온다. 교회 주위로 큰 건물들이 띄엄띄엄 몇 채 더 서 있다. 내가 알고 있는 인스브루크의 모습과는 많이 달랐지만 그 평온함만큼은 같다. 그들이 목숨 걸고 지키려는 소녀의 순수함……. 하지만 지금 내가 서 있는 이곳은 아비규환 그 자체다. 물러설 곳도 피할 곳도 없다. 길은 오직 달려드는 침략자를 막아내는 것뿐이다. 나는 정신을 가다듬고 적들을 다시 노려본다.

"이제 그만 가자!"

N양이 부르는 소리에 퍼뜩 정신을 차려보니 함성 소리도, 대포 소리도 사라지고 없다. 고요한 박물관엔 바람 소리조차 들리지 않는다. 주위를 둘러보니 다른 사람들도 무언가에 홀려 있는 듯하다. 사방을 둘러싼 어마어마한 크기의 티롤 파노라마 회화는 나를 포함한 방문객 모두를 전투가 벌어지고 있는 200년 전 전장의 한가운데로 이끄는 묘한 힘을 지니고 있다. 진짜 타임 슬립을 한 것처럼 생생한 힘이고, 기이한 경험이다.

홀을 빠져나온 후 가이드가 던진 놀라운 한마디.

"지금 여러분들이 서 계신 이곳 베르지젤 언덕이 저 회화 속 그때 그 치열한 전투가 벌어졌던 바로 그 자리입니다."

이탈리아, 폼페이
Italia, Pompeii

She said
절대 행복이란 게 있을 수 있을까?
행복은 어쩔 수 없이 상대적인 거라 생각해!

멈 춰 버 린 시 간 속 을 사 는 사 람 들

태어나 처음으로 해외여행을 떠난 게 10년 전이다. 넓은 세계를 보고 싶어 대학교 2학년 여름방학을 맞아 떠났던 유럽 배낭여행에서 들렀던 이곳 폼페이^{Pompeii}가 딱 오늘 같았다. 온몸이 타들어 갈 것 같은 태양도, 바람 한 점 불지 않는 삭막함도, 고대 용암의 열기가 채 식지 않은 듯 숨이 턱 막히는 이 지열마저도 말이다. 공교롭게도 그건 10년 전에도, 이번에도 8월 정오의 방문이기 때문이다. 덕분에 내가 기억하는 폼페이의 구석구석은 2000년 전 최후의 날 그 모습 그대로 생생하다. 지옥의 불기둥 속에서 들려오던 끔찍한 외침 속 처참했던 당시의 붉은 화염 열기까지 말이다.

10년 전 이곳에 방문했을 땐 생애 첫 배낭여행을 함께 도모했던 친한 친구와 남동생이 곁에 있었다. 우리는 폼페이 곳곳을 헤집고 다니며 연신 "우와! 우와!"를 남발하였고, 눈앞에 보이는 모든 것들을 신기해했다. 화덕 속에서 돌조각이 된 빵이나 술집 테이블 위 고스란히 놓인 돌 술잔을 보면서 세계사 시간에 배운 교과서의 한 페이지를 먼저 떠올렸다. 그러다 어느 뜨거운 담벼락 아래에 꿈쩍도 않고 늘어져 있는 개 한 마리를 발견하고는 더위에 지쳐 죽었는가 싶은 마음에 깜짝 놀라 마시던 물을 개에게 흩뿌리고 난 후에야 '꿈틀' 살아 있음에, 다행이라며 시시덕거리기도 했다. 그 시절 우리는 굴러가는 낙엽만 쳐다봐도 즐겁다고 깔깔 까부라지는 못 말리는 철부지들이었다.

시간이 흐른 후 T군과 함께 다시 찾은 폼페이는 내가 기억하는 예전 모습 그대로였다. 조금만 더 손을 뻗으면 집어 먹을 수 있을 것 같은 돌조각 빵이나 단숨에 들이켤 수 있을 것만 같은 조그마한 술잔을 코앞에다 두고도 2000년째 먹지 못하고, 마시지 못하는 사람들⋯⋯. 금방이라도 대문을 활짝 열고 활력 넘치는 아침을 시작할 것 같은 사람들은 태양을 가릴 손바닥만 한 그늘조차 없이 2000년째 뜨거운 시간 속에 살고 있었다. (다른 계절 혹은 다른 시간에 찾아왔다면 '이곳 역시 시간은 가고 있구나!'라

고 생각했을지도 모르지만) 내가 만난 폼페이는 10년째, 아니 2000년째 뜨거운 화염 속에서 벗어나지 못하는 완전히 멈춰 버린 도시였다.

　달라진 게 있다면 그건 오직 나였다. 호기심 가득한 눈으로 옛 도시의 구석구석을 발발거리며 돌아다니던 천방지축 스무 살에 비하면 서른이 훌쩍 넘어 다시 찾은 폼페이에서의 내 발걸음은 매우 느리고 더뎠다. 교과서에서 배운 지식에 대한 단순한 증거가 아니라 당장에 살아 움직일 것만 같은 저 돌조각 속 사람들의 긴긴 시간을 찾으며 걸었기 때문이다.

　길을 걷다 동냥하는 사람들을 만나면 가끔은 내 주머니를 털어 꼬질꼬질한 빈 바구니 속에 500원짜리 동전 한두 개를 넣어줄 때가 있다. 사실 진짜 그들이 불쌍해서라기보다는 누군가에게 나눠줄 게 내게 아직 남아 있구나 싶은, 가진 자의 작은 안도감을 영유하기 위함이 더 크다. 지금껏 내 삶은 스펙터클한 사건 하나 없이 매일매일 지루하게 굴러간다며 허구한 날 툴툴거리곤 했지만 멈춰 버린 시간 속에 살고 있는 폼페이의 돌조각 사람들을 보면서 아이러니하게도 나는 나의 시간이 아무 탈 없이 조용하고 평화롭게 잘도 흐르고 있음에 더없이 감사한 행복감을 느끼고 있었다.

Story

16

함께, 다시, 건축

현재와 과거를 잇는 위대함

스페인, 바르셀로나
Spain, Barcelona

He said
'안토니오 가우디.' 그가 살아 있었음에,
그의 흔적이 남아 있음에 감사함을 느낀다.

당신 앞에서 무릎 꿇고 머리를 조아립니다

1990년대 중반, 캠퍼스에 모여 앉아 예술에 대해 갑론을박 논쟁을 벌이던 시절이 있었다. 당시 난 디자인 혹은 심미 제일주의를 추구했기 때문에 공장에서 천편일률적으로 찍어낸 듯한 한국의 건축물들을 무시했었다. 또, 세상의 아름다움을 꿰뚫어 보는 눈은 그 누구보다 뛰어나다는 자신감에 당대의 명작들마저 감히 함부로 폄하하기에 이르렀다. 예술적 감

각에 대한 자부심이 유난히 높았던 날 만족시키는 작품을 찾기란 쉬운 일이 아니었다. 그러던 중 이 오만한 예술 학도의 눈과 마음을 완전히 사로잡은 작품이 있었으니……. 그 건축물, 아니 세기의 그 작품들의 창조자는 바로 안토니오 가우디였다. 그의 건축물에선 모더니즘이나 아르누보 등 전문적인 학식이 전무하더라도 느낄 수 있는 오라가 뿜어져 나왔다. 그저 눈에 보이는 표면적 아름다움만으로도 건방진 예술 학도를 한순간에 겸허하게 만들 힘은 충분했다.

시내 중앙에 위치한 '카사바트요Casa Batlló'가 우리의 첫 방문지였다. 주변 건물들 사이에서 단연 돋보이는 외관이 멀리서도 눈에 띄었다. 용의 비늘처럼 형형색색으로 빛나는 독창적인 지붕과 해골의 기괴한 모습이 저절로 연상되는 창문들은 이미 여행객의 혼을 쏙 빼놓을 만큼 압도적이었다. 건물의 입구에 들어서자 테마파크에 들어갈 때처럼 가슴이 쿵쾅거리기 시작했다. 밖에서부터 인상 깊게 보았던 유려한 선들이 내부도 가득 채우고 있었다. 자연에서 얻은 모티브를 건축 작품으로 재탄생시키는 가우디의 철학이 고스란히 녹아 있는 카사바트요. 그 내부는 깊은 바닷속 심연, 그 자체였다. 파도와 조개의 이미지를 형상화한 천장과 물결처럼 아름다운 곡선의 방들, 그 선들을 따라 자연스러운 동선이 생기도록 설계한 기막힌 구조와 자연광을 자연스럽게 건물 내부로 끌어들여 조명으로 승화시킨 그의 세심함에 놀라지 않을 수 없었다. 7층이나 되는 커다란 건물 자체가 하나의 완벽한 예술품이었다.

카사바트요에서 직접 마주하며 느낀 가우디의 천재성에 먹먹해진 가슴을 진정시키며 다음으로 향한 곳은 '사그라다 파밀리아Sagrada Familia'였다. 한 세기 가까이 공사가 진행 중인 이 성당 앞에는 이미 수많은 관광객들이 장사진을 치고 있었다. 줄의 꽁지를 따라가며 한참을 멍하니 서 있었는데도 고조된 흥분과 감동은 좀처럼 사그라지지가 않아 N양과 난 한동안 서로 말이 없었다. 성당 안으로 들어서자 170m 높이의 어마어마한 돔으로 이루어진 실내 예배당이 나타났다. 이번에는 거대한 숲이다. 아름드리나무를 모티브로 한 아름드리 기둥들 사이로 스테인드글라스를 통해 투영된 찬란한 오후의 햇살이 쏟아져 내렸다. 성당 안에서 지저귀는 새소리가 들려온다 해도 이상할 게 없었다. 진짜 숲 속을 거니는 느낌이었으니까.

20여 년 전 사진을 통해 느꼈던 천재적인 예술혼에 대한 찬미가 카사바트요에서 고조되었고, 마침내 성당 안에서 응축되었던 감동이 볼을 타고 흘러내렸다. 이 위대한 예술을 담아내기에 나의 카메라는 얼마나 작고 왜소한가? 스스로를 예술가라 칭하던 나라는 사람은 가우디의 창조물 앞에선 너무나도 평범한 한 인간일 뿐이었다.

그의 천재성에 진심으로 무릎을 꿇고 머리를 조아린다. 난 여전히 아직 아무것도 이루지 못한 한낱 예술 학도일 뿐이다. 한동안 아니, 어쩌면 난 더 이상 나 자신을 예술가라 부르지 못할지도 모르겠다.

프랑스, 마르세유
France, Marseille

She said
낡은 항구도시의 기막힌 혁명을 만나다!

프랑스에서 가장 오래된 항구도시의 역습

입이 떡 벌어지게 고풍스러운 옛 건물들이 내 눈에 차츰 똑같아 보이기 시작한 건 유럽 대륙을 밟은 지 한 달쯤 지났을 때였다. 도시마다 하나씩 우뚝 서 있는 대성당도, 오랜 투쟁의 역사를 고스란히 간직한 유서 깊은 박물관들도, 심지어 평생을 살아도 질리지 않을 것 같다며 호들갑 떨며 부러워했던 운치 있는 골목들도 매일 같이 보다 보니 다 거기서 거기인

듯 고만고만해 보이기 시작했다. 안다, 늘 새로운 것만 찾아 헤매는 이놈의 호기심 병 탓이겠지…….

마르세유^{Marseille}, 내가 가진 가이드북에 프랑스에서 '가장 오래된' 항구도시라 씌어 있었기 때문에 크게 기대하진 않았다. 아니나 다를까, 저 멀리 마르세유를 둘러싼 바다가 보이자 가장 먼저 눈에 들어온 것은 도시 한가운데 볼록 솟아 있는 언덕 위의 커다란 대성당이었다. '역시 여기도 볼거리라고는 오래된 성당뿐인가?' 싶은 찰나 눈앞에 나타난 마르세유의 반격에 입이 쩍, 이럴 수가! 프랑스의 가장 오래된 항구도시라던 마르세유는 이제껏 내가 가본 그 어떤 도시보다 세련되고 현대적이었으며, 어떤 면에서는 어릴 적 그렸던 상상 속 미래도시에 가깝기까지 했다. 예상했던 지저분하고 낡은 거리는 찾아볼 수 없었고, 맑은 수채화 풍경 같은 항구를 따라 이제 막 새로 그려 넣은 듯한 하얀 선박과 요트들이 정갈하게 정박되어 있었다.

그중에서도 내 눈길을 단번에 사로잡은 건 항구의 입구 쪽에 마주 선 두 건물이었다. 두껍고 비싼 올 컬러판 외국 인테리어디자인 책에서나 봤을 법한 그 건물들의 이름은 '빌라 메디테라네^{Villa Méditerranée}'와 '마르세유 국립 지중해 문명 박물관(이하 MUCEM).' 건물의 양쪽 면이 온통 유리로 뒤덮인, 'ㄱ'자형의 독특하게 생긴 빌라 메디테라네는 외형만 딱 봐도 '누가 건물을 저렇게 혁명적으로 설계할 생각을 했을까?' 하는 의문이 들 정도로 기발한 모습이었다. 그리고 MUCEM은 한 번 들어가면 다시는 밖

으로 나오기 싫을 만큼 한 층 한 층 구석구석이 세심하고 매력적으로 설계되어 있었다. 특히 MUCEM의 외벽을 감싼 그물 모양의 거대한 철골 구조물이 인상적이었다.

그때 구조물 사이의 구멍구멍을 통해 바라보았던 지중해 바다가 지금도 여전히 눈앞에 아른거리곤 한다. 일렁이는 물결 같기도 하고, 거대한 산호 모양 같기도 한 구조물을 따라 바다 위를 산책하듯 걷고 걷다 보면 마침내 옥상 정원에 이르게 되고, 결정적으로 그곳에서 MUCEM의 진면목을 마주하게 된다. 바로 2013년에 개관한 MUCEM의 옥상 정원과 그 옆에 12세기에 세워진 생 장 요새를 잇는 긴 다리다. 굳이 1층으로 다시 내려가지 않아도 자연스럽게 현재와 과거를 넘나들 수 있도록 하늘에 떠 있는 근사한 비밀 통로였다. 바다 위를 걷는 느낌이 이럴까? 타임머신을 타면 이런 기분이 들까?

매사 싫증 잘 내고 새로운 것, 혁신적인 것만 좋다며 추구하던 내게 '옛것과 새것의 조화란 이런 것이다'라는 본때를 확실히 보여준 마르세유의 감각적인 거리 그리고 세련된 건축물들. 이번 여행에서 본 가장 현대적인 건물을 가장 오래된 항구도시인 마르세유에서 만나게 되다니 세상 참 아이러니하다.

간판
SIGN

chemin des soldes
rue de la découverte
Mab lode du croqu
allée de la soif
avenue des formules
co o on es d uceur
sentier du petit déjeuner
chemin de travese du lat du Jour
cote su s sandwiches
c e au ref on de de nr

pizza arancino socca
il tempo ritrovato

INVERNESS
BARBERS

INVER

www.inverness

Gelateria del Lavatoio

ICE COLD
Coca-Cola
SOLD HERE

Story

17

함께, 다시, 액티비티

그 남자 그 여자의 놀이터

모나코, 몬테카를로 서킷
Monaco, Monte Carlo

He said
F1 레이서 '젠슨 버튼' said,
"아무리 위험해도 이곳이 바로 모나코이기 때문에 우리는 달린다."

남자 달리다, 심장이 터지는 그 순간까지

'우웅~' 시동을 걸자 무거운 엔진음이 차를 흔들고, 그 둔한 떨림에 나의 심장 박동은 배가 된다. 지금 난 출발을 알리는 신호를 기다리고 있다. 3, 2, 1! 신호등에 파란불이 들어옴과 동시에 팽팽한 긴장감을 담아 있는 힘껏 액셀을 밟는다. 얼마 지나지 않아 좁고 위험한 급커브 도로가 날 맞이한다. 상상 속에서 수없이 달려 봤던 길, 별 어려움 없이 부드럽게 통과한

다. 어두운 터널을 지나 해안 도로로 들어서자 진한 바다 내음이 강하게 느껴진다. 탁 트인 전경을 배경으로 속도에 모든 것을 내건 사람들의 무한 질주가 열리는 곳, 이곳은 포뮬러원^{F1} 모나코 그랑프리의 오픈 서킷이다.

한창 비디오 게임에 몰두해 있던 시절, 난 〈Gran Turismo〉라는 게임에 푹 빠져 있었다. 게임 속 자신의 차를 튜닝해 세계의 유명 서킷을 돌며 F1 경주를 즐기는 형식이었는데, 이는 불타는 스피드를 향한 남자의 로망을 실현시켜 주기에 충분했다.

그중에서도 모나코의 몬테카를로^{Monte Carlo} 서킷은 'F1의 꽃'이라는 별칭을 가지고 있을 만큼 아름다운 곳으로 손꼽힌다. 많은 게이머들과 자동차광들이 동경해 마지않는 곳이기도 하다. 층층이 들어선 고풍스러운 건물 사이를 가로지르거나 화려한 요트들이 정박해 있는 해변을 따라 달리고, 좁고 험한 헤어핀 커브를 아슬아슬하게 헤쳐 나가는 이 서킷은 드라이빙의 실 묘미를 제대로 느낄 수 있게 해준다고 전해진다. 세계적으로 가장 아름다운 서킷이자 또 가장 위험한 서킷인 F1 모나코 그랑프리는 적어도 자동차에 대한 애착을 가진 이라면 생애 꼭 한 번은 직접 가 보고 싶은 열망의 장소인 셈이다.

모나코의 서킷은 도심 속에 있다 보니 경주가 열리는 기간 동안 사람들의 출입을 통제하고, 시내 도로를 경주용 도로로 전환한다. 다시 말해 F1 경주 기간 외에는 일반인들도 F1 서킷 위를 달릴 수 있다는 얘기다. 오늘의 레이스에서 난 관중이 아닌 한 명의 레이서이다. 자동차를 사랑하

는 이들이여! 모나코에 가서 그대 가슴속에 봉인되어 있는 꿈을 해제하라. 당신은 이곳에 소리나 질러대는 관중 따위로 온 게 아니니까. 당당히 한 명의 레이서가 되어 달릴 수 있는 진정한 꿈의 무대가 바로 이곳에 준비되어 있으니까.

오스트리아, 인스브루크 거꾸로 집
Austria, Innsbruck

────────────

She said

모두가 좋았다 해도 내겐 별로일 수도, 모두가 별로였다 외쳐도
난 당당히 '좋았어!'라고 외칠 수 있는 것. 여행의 추억이란 게 원래 주관적인 것!

어 쩌 면 소 소 한 게 여 자

저녁엔 인스브루크^{Innsbruck}의 민속 공연인 티롤을 예약해 두었다. 오전에
잠시 시내를 둘러보고 오후엔 교외에 있는 스와로브스키 크리스털 월드
에 갔다가 공연을 보러 다시 마을로 돌아오는 일정이었다. 결혼식 때 그
흔한 커플링 하나 맞추지 않고도 전혀 섭섭하지 않았었기에 난 내가 보
석에 눈곱만큼의 관심도 없는 줄 알았다. 그런데 아, 나도 여자였던가? 두

눈이 휘둥그레질 정도로 반짝이는 수천수만 캐럿의 크리스털을 보자 그 황홀함에 빠져 연신 감탄과 찬양을 내뿜는 동시에 막상 내 손엔 하나 쥐어 보지도 못하고 돌아서야만 하는 가난한 여행자의 주머니 사정을 깨닫고 인스브루크로 돌아오는 길, 난 괜스레 의기소침해졌다.

다행스럽게도 이럴 때면 나보다 더 내 기분을 잘 헤아리는 세심한 T군이 항상 옆에 있곤 했다. "우리 잠깐 저기에 들렀다 갈까?" 그가 손을 뻗어 가리킨 곳엔 거꾸로 집이 있었다. 그러니까 하늘을 향해 있어야 할 빨간 지붕이 땅바닥에 반쯤 처박혀 있고, 대문도 창문도 모두 거꾸로 달려있는 집. 지난 밤 안내 책자를 보고 지나가는 말로 "여기 가 보고 싶지 않아?"라고 툭 던졌던 걸 기억하고 온 것이었다.

대문을 열고 집 안으로 들어서자 거실도, 부엌도, 화장실도, 침실도 온통 거꾸로. 식탁도, 침대도, 변기도, 인형도, 장난감도 모두 천장에 거꾸로 매달려 있었다. 심지어 차고의 자동차마저 거꾸로였다. 그게 뭐 대수라고 다 큰 어른이 설레발이냐 싶겠지만 머릿속으로만 하는 상상과 눈앞에 벌어지고 있는 실제는 엄연히 달랐다. 꿈속 혹은 만화 속에서나 일어날 수 있는 일 아닌가? 마룻바닥이어야 하는 곳에 천정이 있었고, 거꾸로 된(사실은 그림만 거꾸로 그려진) 계단을 걷자니 나도 모르게 비틀비틀 휘청거리더란 말이다. "아니야, 좀 더 진짜처럼 매달려 봐!", "응, 그렇게! 그렇게!", "발을 바닥에서 떼야 진짜 매달린 거 같지!"라며 우리는 아이 마냥 낄낄거리며 부산스럽게 온 집 안을 헤집고 다녔다. 한 장의 완벽한 거꾸

로 사진을 찍기 위해 매달리고 매달리고 또 매달리기를 반복하며 참 신나게도 놀았다. 30분이 지나고, 1시간이 지나고, 2시간이 지나 해가 붉어질 때가 되서야 정신이 번쩍 들었다.

우리는 예약해 놓은 공연 시간에 늦을세라 부랴부랴 다시 인스브루크로 향했다. "오래간만에 진짜 최고로 재밌었어!" 난 언제 우울했었냐는 듯 돌아오는 차 안에서 연신 재밌었다고 함박웃음을 띠며 얘기했다. 내 기분을 풀어주기 위혜 그곳에 간 줄 알았지만 실제로는 T군이 더 신나게 잘 놀았다는 후문.

밧줄 하나에 나를 맡긴 채 천길만길의 낭떠러지로 몸을 날렸던 에콰도르에서의 아찔한 번지점프, 스쿠버다이빙을 배운 후 카리브해에서 처음 느껴본 고요한 바닷속 깊고 푸른 황홀감, 지구를 구할 마지막 탐험대원라도 된 듯 온몸을 던져 만끽했던 청정 자연 스위스에서의 캐니어닝 등 사실은 세계 여행을 하면서 평생토록 잊지 못할 체험들이 수도 없이 많았다. 그 대단했던 순간들에 비하면 거꾸로 만든 집에서의 체험이 도대체 왜 가장 인상 깊었던 것인지 의아할지도 모르겠다.

하지만 여행의 추억이란 건 객관적 기록보다는 그 이전 혹은 이후에 무엇을 했는지, 누구와 함께였는지, 당시의 기분이 어땠는지 등 지극히 주관적이고도 개인적인 요소가 크게 작용하는 게 사실이다. '눈은 호강했지만 결론적으로 손에는 쥘 수 없었던 스와로브스키 크리스털 월드에서의 허무함 vs 사랑하는 사람의 눈을 마주보며 마음껏 웃고 즐기며 남긴

사진 한 장의 만족감.' 어쩌면 내가 경험한 것들 중 가장 보잘 것 없고 소소했던 거꾸로 집 체험이 내게는 그 어느 때보다 인상적이었던 체험으로 기억된 것처럼 말이다.

Story 18

함께, 다시, 사람

길 위의 작은 만남들

스코틀랜드, 퍽스 글렌 포레스트 파크
Scotland, Puck's Glen Forest Park

He said
진정으로 즐길 줄 아는 당신이 이 나라의 챔피언입니다.

치마 입은 남자, 한스가 알려준 사실

참 이상한 게 있다. 어릴 적에는 소꿉놀이 하나만으로도 시간 가는 줄 모르고 하루 종일 동네 친구들과 신나는 시간을 보내곤 했는데, '어른'이라는 직함을 단 후로는 더 재미난 놀이가 널렸음에도 불구하고 마냥 즐겁지만은 않으니 말이다. 그러고 보니 어릴 때는 친구네 집 담벼락 밑에서 "놀자~!" 하고 부르기만 해도 그 녀석이 재까닥 뛰어나왔다. "숨바꼭질하고 놀자!", "말뚝박기하고 놀자!" 하고 부른 적은 없었다. 일단 만나고, 그 후에 무엇을 할지 정했다. 사실 뭘 하고 노느냐는 중요하지 않았다. 친구와 함께 있는 시간 자체가 좋았으니까. 그런데 이제는 친구에게 만나자고 전화를 하면, 녀석은 먼저 묻는다. "만나서 뭐 할 건데?", "글쎄……." PC방 가기, 술 마시기, 낚시 등 만나서 무엇을 할지에 따라 만날지 말지를 결정한다. 만나서 무엇을 하느냐? 우린 이제 그냥이 아닌 만나서 무엇을 하느냐 즉, 결과가 중요한 사이가 되었다.

'퍽스 글렌 포레스트 파크Puck's Glen Forest Park'에서의 산림욕은 꽤 만족스러웠다. 스코틀랜드의 촉촉함을 한껏 머금고 피어난 새벽빛의 푸른 이끼들은 어느 한구석에서 작은 요정들이 날아든다고 해도 놀랍지 않을 신비로운 분위기를 자아냈고, 골짜기를 따라 길게 이어진 오솔길은 인간의 손이 닿지 않은 듯 태초의 원시림을 연상시켰다. 내가 보고 싶었던 숲의 모습이었다. '한스'라는 친구를 만난 건 산책을 끝낸 후 고무된 기분에 콧노래를 흥얼거리며 주차장으로 돌아온 직후였다. 킬트를 입고 한껏 멋을 낸 그는 한눈에도 스코틀랜드인이라는 걸 알 수 있었다. 넉살 좋은 웃음의 그가 말을 걸어왔다.

"오늘 저녁에 마케도니아로 가는 비행기를 타야 하는데 다음 마을까지 태워 줄 수 있니?"

"물론이지! 그런데 그곳에는 왜 가는 거니?"

"마케도니아에서 월드컵 유럽 최종 예선이 치러지거든. 스코틀랜

드 축구팀을 응원하러 가는 거야."

"그 먼 곳까지 가는 걸 보니 중요한 경기인가 보구나! 월드컵 진출권이 결정되는 경기인가 보네?"

"하하하, 아니야. 스코틀랜드는 이미 떨어졌어."

"엉? 이미 결정이 났는데, 응원은 뭐 하러 가는 거지? 게다가 그 먼곳까지? 응원복도 완벽히 챙겨 입고?"

한스가 미소를 머금은 채 말했다.

"비록 탈락은 했지만 경기를 즐기러 가는 거야. 월드컵 예선도 하나의 축제잖아."

"그렇구나……."

한스와의 대화에서 난 우리의 응원 문화가 떠올랐다. 이기고 지는 것, 무조건 그 결과가 중요하기에 탈락이 확정된 상태에서 자국을 응원한다는 건 불필요한 사치였다. 말이야 결과보다 과정이 중요하다 떠벌리지만 사실 우리 사회에선 은연중에 결과를 더 중시하지 않나. '결과'라는 열매가 날 빈 자리만을 바라보다가 그 사이 쑥쑥 자라고 있는 줄기와 활짝 핀 꽃은 채 보지도, 즐기지도 못하고 있는 게 아닐까?

오늘은 그동안 잊고 살았던 친구에게 전화 한 통 걸어 봐야겠다.

이탈리아, 어느 마을의 결혼식
Italia

She said
여행의 특별함은 우연한 '얻어 걸림'에서부터.

내 게 만 특 별 했 던 그 들 의 보 통 날

특별할 것 없는 일요일 오후, 우리는 이탈리아의 여느 예사로운 마을을
지나고 있었다. 너무나 평범하고 단조로워서 곧장 통과할까 하다가 늦은
점심이라도 먹을 겸 적당한 곳에 주차를 하고 잠시 차에서 내렸다. 레스
토랑을 찾아 두리번거리고 있는데 정장 차림을 한 한 무리의 이태리 남자
들이 우르르 내 옆을 지나가는 게 아닌가? 본능적으로 그리고 직감적으로

그들을 뒤따르고 있는 날 발견. 어머! T군은 이미 저 뒷전. 하나같이 잘생긴 그들이 멈춘 곳은 작은 교회였다. '주일에 예배 보러 간다고 저렇게 차려 입은 건가?' 싶어 기웃거렸더니 흔쾌히 문을 열어 활짝 반겨주는 사람들. 쭈뼛거리며 안으로 들어가 보니 오늘은 아주 특별한 날, 이 마을 선남선녀의 결혼식이었다.

사실 동네 사람들에게는 어느 주말 오후면 일어날 수 있는 보통의 날이겠지만 이탈리아의 결혼식을 처음 보는 내게는 매우 흥미로운 구경거리였다. 후줄근한 차림새에도 불구하고 난 하객의 한 명으로 자리를 잡고 앉아 처음부터 끝까지 예식을 지켜보았다. 치장하고 과시하기에 급급한 우리와는 다르게 화려하진 않아도 중후한 멋이 느껴지는 오래된 교회에서의 결혼식은 충분히 로맨틱하고 멋스러웠다. 우리나라도 교회나 성당에서 치르는 예식이 있긴 하지만 무교인 내가 가서 앉아 있기엔 복잡한 절차와 기도들이 매우 지루하고 형식적으로 느껴지곤 했었는데 기분 탓인지 이날의 결혼식은 지루할 틈 없이 눈 깜짝할 새에 지나갔다.

마지막으로 성가대의 노래가 끝나고 신랑 신부의 행진 시간, 사람들이 일제히 일어나 밖으로 나가기에 얼떨결에 무리에 섞여 교회 밖으로 밀려나왔다.

교회 안에서의 예식이 내가 본 어떤 결혼식보다 고귀해서 부러웠다면, 바깥 풍경은 신랑 신부, 하객 할 것 없이 모두가 하나 된 축제 같아서 샘이 났다. 교회 문 밖에 빙 둘러선 사람들은 신랑 신부를 향해 핑크색

으로 염색된 쌀과 사탕, 색종이 등을 던지며 박수를 쳤고, 열성적으로 소리 지르며 환호했다. 거지도 잘생겼다는 이탈리아 남자답게 자꾸만 눈길이 가는 신랑, 꾸민 듯 안 꾸민 듯 자연스러운 아름다움이 묻어나는 신부의 모습이 영화 속 주인공들 같았다. 문득 영화 〈맘마 미아〉의 결혼식 장면이 떠올랐고, 내가 상상했던 영화 같은 결혼식이 이곳에선 일상이라는 생각에 피식 웃음이 나왔다.

여행을 하면 만나게 되는 수많은 사건과 사람들이 있다. 잔뜩 기대에 부풀었다고 해서 그에 부응하는 좋은 일만 생기는 것도 아니오, 항상 주위를 살핀다고 해서 나쁜 일을 모조리 피해갈 수 있는 것만도 아니더라. 여행이란 그야말로 '우연'과 '타이밍'이 만들어 내는 예측 불가능한 반전의 시나리오. 우연히 들른 한 평범한 마을에서 때마침 옆을 지나가던 꽃미남들에 이끌려 아름다운 한 쌍의 커플을 만난 것처럼.

여행자에게 흐르는 것은 시간이 아니라 공간이다.
그래서 여행자는 나이를 먹지 않는다.
그래서 여행자는 항상 청춘이다.

Story
19

함께, 다시, 공연

울고, 춤추고, 노래하라

오스트리아, 브레겐츠 페스티벌
Austria, Bregenz Festival

He said
공연은 역시 스케일이 커야지!

호수 위에서 펼쳐지는 환상의 수상 오페라

돈이 없어 하루 한 끼로 때우고, 정기 승차권 한 장을 여러 명의 친구들과 돌려써야만 했던 가난한 유학 시절에도 절대 포기할 수 없었던 내 감성의 자극제는 유수의 브로드웨이 공연이었다. 안 먹고, 안 입으며 악착같이 모은 쌈짓돈으로 보는 공연이었기에 하나를 예매하더라도 실패하지 않을 탁월한 선택이 굉장히 중요했다. 그래서 당시 공연을 보는 기준으로 삼았던 건 전통성과 규모. 몇 십 년씩 이어져 내려와 이름만 들어도 알 수 있는 대형 공연들은 결코 날 실망시키는 법이 없었다. 뉴욕에서 지내는 동안 수많은 공연을 봤지만 내 선택은 늘 옳았다.

가난했지만 하루하루가 신나고 감성 충만했던 3년간의 유학 생활을 끝내고 돌아온 한국. 물질적으로는 훨씬 풍요로워졌지만 감성적으로는 매우 지루한 날들을 보내고 있었다. 어제와 똑같은 일과를 마친 후 당시 유행했던 싸이월드에 올라오는 글과 사진을 훑어보는 게 감성 충전의 고작인 나날들…….

그러던 어느 날, 한 장의 사진을 놓고 싸이월드에서 흥미로운 진실 공방이 벌어졌다. 그건 호수 한가운데에 피어오른 듯 떠 있는 무대 위 공연을 찍은 사진이었다. 먼 하늘엔 붉은 노을이 지고, 드넓은 호수의 가운데에 상반신을 내놓은 거대한 해골이 거대한 책을 펼쳐 들고 있었다. 해골이 펼쳐 든 책의 한 페이지가 바로 공연의 무대였던 것이다. 마치 호수 깊숙한 밑바닥에서 일어난 해골 거인이 책장 위 공연을 내려다보고 있는 듯한 사진. 이 사진이 과연 실제인가, 조작인가에 대한 열띤 토론이 일었다. 며칠 후 사진은 조작이 아닌 실존하는 세트장임이 밝혀졌다. 두 눈을 부릅뜨고 다시 봐도 믿기 힘든, 말로는 설명이 불가능한 환상적인 무대 장치였다. '사진 속 무대의 공연을 직접 본다면 어떤 기분일까?', '도대체 어딜 가야 볼 수 있는 거지?' 진즉에 소진된 줄 알았던, 공연에 대한 그리고 나의 잃어버린 영감을 되찾기 위한 뜨거운 열정이 다시금 솟구친 밤

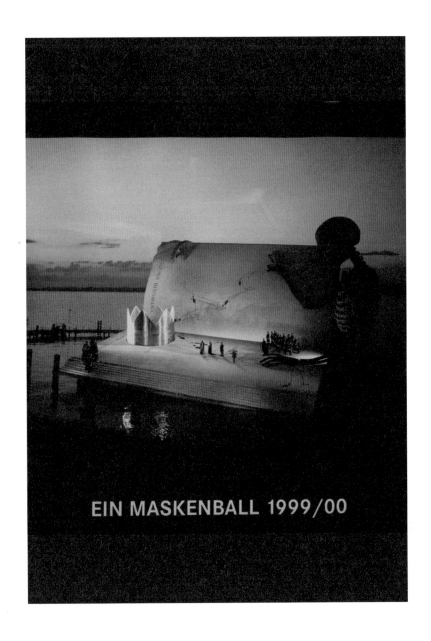

EIN MASKENBALL 1999/00

이었다. 하지만 아쉽게도 공연의 근원지를 찾지 못한 채 그날의 진실 공방은 점점 잊혀졌다.

그로부터 10여 년이라는 시간이 흘렀다. 그토록 갈망하던 공연이 오스트리아의 '브레겐츠 페스티벌Bregenzer Festspiele'이란 사실을 안 건 이탈리아의 소렌토를 여행하던 중이었다. 배는 굶더라도 오래도록 기억에 남을 공연 하나는 반드시 보고 돌아가야겠다는 일념으로 어떤 공연을 봐야 할지 수소문하던 중 누군가 호스텔에 떨구고 간 팸플릿 하나가 눈에 띄었다. 거기엔 몇 년 전 싸이월드에서 보았던 그 호수 위 해골 공연장의 사진이 있었다. 급히 팸플릿을 펼쳐 들고 공연 날짜부터 찾아보았고, 부지런히 달려가면 어쩌면 관람할 수 있는 일정이라는 사실을 확인했다. 대신 중간 도시의 일정을 조금씩 줄여야만 했지만 무엇을 망설인단 말인가? 10년을 찾아 헤맨 공연인데!

'브레겐츠 페스티벌'은 아름다운 보덴호(콘스탄스호) 위에서 펼쳐지는 오케스트라, 오페라 등을 만날 수 있는 한여름 밤의 클래식 페스티벌이다. 그중에서도 2년에 한 번씩 작품을 바꿔 올리는 수상 오페라는 죽기 전 반드시 관람해야 할 공연으로 강력히 추천하는 바이다. 날 이끈 거대한 해골 무대는 1999년과 2000년에 공연되었던 베르디의 〈가면무도회〉였고, 내가 여행하던 2013년 당시엔 모차르트의 〈마술피리〉가 열리고 있다는 정보를 확인했다.

우리는 브레겐츠를 향해 달리고 달렸다. 그러나 설레는 가슴을 안

고 브레겐츠 시내로 들어섰을 때 가장 먼저 우리를 반기던 건 부슬부슬 내리던 가랑비였다. 호반의 도시를 둘러볼 여유도 없이 불안이 고개를 들이밀었다. "호수 위에서 펼쳐지는 야외 오페란데 비 오면 취소되는 거 아냐?" 다짜고짜 티켓 판매소로 달려가 공연 진행 여부를 물었다. "괜찮습니다. 공연이 시작될 무렵에는 갤 것으로 예측됩니다. 걱정 마세요. 브레겐츠 수상 오페라는 30년 동안 기상 악화로 취소된 적이 단 한 번도 없습니다." 직원의 말을 믿고 싶었지만 공연 10분 전까지도 비는 계속 오락가락하고 있었다. "설마, 그 30년의 기록을 깨는 날이 오늘은 아니겠지?"

공연의 시작을 알리는 안내 방송이 나오자 7,000여 명에 달하는 관객들이 객석에 앉아 걱정스레 하늘을 쳐다보았다. 그때, 무겁게 내려앉은 먹구름 사이로 서서히 비집고 나오는 한줄기 빛. 그와 동시에 하늘은 순식간에 맑아졌다. 거짓말처럼 말끔히 갠 하늘엔 붉은 석양까지 내려앉았다. 나도 모르게 입이 귀밑까지 찢어졌다. 어두운 날씨에 짓눌려 있던 마음이, 포기할 뻔한 기억 한구석의 꿈이 찬란한 환희로 변한 것이다.

10년 전 사진 속에 놓여 있던 한 뼘짜리 작은 무대가 이제는 나의 시야를 가득 채우고도 넘칠 만큼 커져 있다니……. 다만 거대한 해골 대신 올해는 오페라 〈마술피리〉의 거대한 세 마리 용들이 당장이라도 불을 뿜을 듯 강렬하게 호수 위에 서 있었다. 하늘은 이제 완전한 어둠으로 뒤덮였고, 어둠 속에서 무대는 더욱 밝게 빛이 났다. 본격적인 공연이 시작되고 웅장하고도 섬세한 오케스트라 연주가 내 온몸을 장악했을 때 너무

나도 익숙한 노랫소리가 귀에 들어왔다. 〈밤의 아리아〉, 최고의 실력을 요하는 곡임을 알고 있다. 제대로 소화할 수 있는 소프라노가 세계적으로 10명도 채 안 된다는 그 명곡의 완벽한 떨림이 호수의 파동을 타고 나의 등줄기를 짜릿하게 쿡 찔렀다. 잃어버린 감성의 자극제, 나이를 먹을수록 높아지기만 한 내 자극의 역치를 건드린 것이다. 사진 한 장에서 시작된 희열의 이 순간, 이루어질 수 있을 거라고는 생각지 못했던 감동의 밤이었다. 유서 깊은 오페라 페스티벌답게 예술석으로 축적된 내공과 드넓은 호수 위에 거대한 무대를 안정적으로 구성해내는 검증된 기술력 등 이번에도 역시 나의 눈은, 나의 선택 기준은 틀리지 않았다. 여행 중 보았던 공연 중 단연 최고였다고 자신 있게 말할 수 있다.

스페인, 그라나다 동굴 플라멩코 공연
Spain, Granada Cueva Flamenco

She said
배우와 함께 호흡하며 그들의 숨결과 체취까지 느낄 수 있는
소극장 공연, 난 그런 공연이 좋더라!

집시들의 솔직한 춤과 노래, 동굴 플라멩코

슬플 땐 슬프다고, 기쁠 땐 기쁘다고, 또 힘들 땐 힘들다고 표현할 줄 모르는 어른이 된 건 어릴 적 학교에서 울면서 돌아온 내게 "사람 많은 데서 우는 건 바보 같은 짓이야."라고 타이른 부모님 탓일까, 직장을 다니기 시작하면서 "사회생활에서 네 마음을 곧이곧대로 들키는 건 프로답지 못한 행동이야."라고 조언한 선배 탓일까? 어느 샌가 나는 마음을 솔직하게 표

현하기보단 아닌 척, 괜찮은 척 숨기는 데에 더 익숙한 사람이 되어 있었다. 그리고 이렇게 몸에 밴 오랜 타성은 여행 중이라고 해서 크게 달라질 건 없었다.

알람브라 궁전Alhambra을 보기 위해 그라나다에 도착했을 때였다. 전 세계에서 모여든 관광객들 틈에 끼어 나 역시 두 눈을 동그랗게 뜨고 연신 감탄하는 척했지만, 실은 700여 년의 세월도 거뜬히 녹여낼 듯한 7월의 뜨거운 태양을 피해 그늘을 찾아다니느라 바빴을 뿐이었다. 이 유명한 궁전 앞에선 누구라도 감동받아야 하는 게 마땅했기에 난 덥고 힘들기만 할 뿐 어떠한 감동도, 감흥도 느껴지지 않는다고 차마 내뱉지 못했다. 무식해 보이지 않으려고, 감정이 메말라 보이지 않으려고 그저 감동받은 '척'하며 투어를 마치고 나니 알람브라 궁전은 이미 머릿속에서 하얗게 지워지고 없었다.

대신 그라나다Granada의 밤, 그 밤은 아직도 눈앞에 생생하다. 고작 소극장 공연 하나가 지금까지 살아온 내 삶의 방식을 완전히 깨트렸기 때문이다. 작열하던 한낮의 붉은 해가 저문 후 우리는 사크로몬테 언덕 허리에 위치한 자그마한 동굴 집으로 향했다. 입장 그리고 착석. 나란히 앉은 양옆 사람과 엉덩이와 엉덩이가 수줍게 닿았고, 앞으로 손을 뻗으면 맞은편 사람과 맞장구라도 칠 수 있을 듯 좁은 공간이었다. 이곳이 바로 수백 년간 떠돌이로 살며 그 어디서도 환영받지 못했던 서글픈 집시들의 정착지이자 오늘 밤 플라멩코 공연이 펼쳐질 무대라 했다. 사실 우리가 가진 가이드북에는 알람브라 궁전에 대한 내용만 잔뜩 실려 있었기 때문에 공연에 대한 지식도, 기대도 전무한 상태였다.

한동안 웅성거리던 관객들의 잡소리가 잦아들자 바일레(춤), 토케(기타 연주), 칸테(노래)로 구성된 집시들의 동굴 플라멩코 공연이 시작됐다. 춤이란 건 흥에 겨워 기분 좋게 추는 행위로만 알고 있던 난 무대 위 좀처럼 웃지 않는 무용수가 무척이나 낯설고 당황스러웠다. 거기다 세상에서 가장 처량한 기타 연주에 맞춘 끝이 보이지 않을 만큼 깊고 우울한 노래, 나는 그게 노래라기보다 처절한 발악에 가깝다 생각했다. 내가 기대했던 건 이런 공연이 아니었기에 '그라나다는 나와는 맞지 않는 도시구나!' 생각하며 그저 리듬에 맞춰 흥겨운 척 박수나 짝짝짝 치다 돌아갈 요량이었다.

그런데 공연이 시작되고 얼마 지나지 않아 여태껏 한 번도 느껴보지 못했던 신기한 감정이 일었다. 뭉클 슬펐다가, 한없이 애달팠다가, 가끔은 억울한 것 같기도 하고, 또 짧은 순간 벅찬 희열에 온몸이 부르르 떨리기까지 했다. 항상 주변 사람들을 의식하며 억누르고 숨겨왔기에 이토록 심오한 감정의 변화를 느낀 게 언제였는지 기억나지 않았다. 그들이 내뱉는 언어를 알아들을 수도, 심연의 표정을 읽을 수도 없었기에 머리로 해석하고 이해한 건 아니었다. 그건 공연자의 뒷목을 타고 흐르는 땀방울과 까만 눈동자 깊숙이까지 바라볼 수 있는 작은 동굴 공연장이기에 가능한 '공감'이었다. 사는 게 슬프고 힘들었다며 온몸으로 표출하는 집시들

의 마음 속 진실된 감정이 아무도 모르게, 나조차도 몰랐던 깊숙이 묻어둔 감정의 무덤을 파헤친 것이리라. 공연자와 함께 춤추고 호흡하며 영혼까지도 빨려 들어갈 듯 뇌쇄 당한 공연이 막바지로 치닫자 더 이상 내 눈과 내 호흡으로는 쫓아갈 수도 없게 빨라지는 격정적인 파소(스텝), 그리고 일순간의 데즈프랑데(격렬하게 춤을 추다가 잠깐 멈춤). 숨 가쁜 정적 속에서 누가 볼까 속으로만 삼켰던 나의 오랜 울음이 탁 터졌나왔다. 남들 앞에선 감정 표현에 솔직하지 못한 나였기에 평소 같으면 창피하다고 먼 하늘이라도 바라보며 꾹꾹 눌러 참았을 눈물이 오늘은 나도 모르게 한 방울 뚝 떨어졌다. 더 이상 난 안 그런 척, 괜찮은 척 숨기기는 힘들었다. 마음이 느끼는 대로, 감정이 이끄는 대로 표현할 줄 아는 사람으로 거듭났다고나 할까?

공연을 보면서 울컥하여 떨군 한 방울의 눈물은 이내 그칠 수 있었지만, 그날의 눈물이 도화선이 되었는지 여행하는 내내 기쁠 때나 슬플 때나 행복할 때에도 그렁그렁 삐져나오는 감정의 눈물은 참을 수가 없었다. 하지만 사는 내내 좋아도 슬퍼도 표현하지 못하고 쓸데없이 묵혀두었던 솔직한 내 마음의 표현이니 괜찮았다. 바보 같아 보여도 프로답지 않아도 사람은 원래 다 그런 거다.

Story
20

함께, 다시, 밤
어느 여행자의 아름다운 밤

스페인, 세비야
Spain, Sevilla

He said
세비야의 밤은 당신의 낮보다 아름답다.

It's time to wake up!

"What? 45℃?"
"뭘 그리 놀라고 그래? 정말 더운 날은 50℃가 넘는 날도 있다고."
이런 더위쯤은 예사라는 듯 호스텔 주인이 심드렁하게 대꾸했다. '그랬구나, 어쩐지……' 세비야Sevilla에 들어선 후로 거리에 사람들이 보이지 않아 이상하다 생각했다. 모든 사람들이 저주받은 이 도시를 황급히 떠난 것

마냥 인기척이 없었던 이유는 바로 도시를 뒤덮고 있는 한여름의 뜨거운 태양열 때문이었다. 그러고 보니 스페인에서는 한낮의 무더위를 피해 낮잠을 자는 시에스타 문화가 있다고 한 게 기억났다. 한창 해가 중천에 떠 있는 시간에 다 같이 낮잠이나 자는 게으른 민족이라고 치부했었는데, 오해한 게 미안했다.

호스텔에서 잠시 쉬고 일어났더니 해그림자가 도시에서 사라지는 시간이 되어 있었다. 낮에 못 돌아본 세비야의 모습이 궁금해 호스텔 문을 열고 거리로 나왔다. 다소 누그러든 해의 기운에 이제야 좀 사람이 살 만한 곳 같았다. 어둑해진 거리를 걷다 한 바로 들어서자 기분 좋은 소란스러움이 우리를 반겼다. 바 안은 한낮을 유령의 도시로 만들었던 사람들이 모두 모인 듯 옴짝달싹 않고 서 있기에도 비좁았다. 여기저기서 들려오는 거나한 왁자지껄함, 테이블과 테이블 사이에서 펼쳐지는 현란한 플라멩코, 무용수의 춤에 취해 일제히 '올레_{olé}'를 외쳐대는 사람들…… 모두가 흥겨움에 젖어 만들어 내는 이 소란스러움이 무척이나 좋았다. "그래, 이런 게 사람 사는 곳이지!"

생활 속에 차분함이 배어 있는 북유럽 사람들은 스페인 민족들에겐 절대 불가능한 일이 '속삭이는 것'이라고 놀려대곤 하지만 난 이런 북적거림이 좋다. 마음 속 얘기를 다 들려주려는 듯, 그네 사는 삶을 솔직하게 내뱉는 듯 목청 높은 그들의 호탕한 소리에는 거짓도, 꾸밈도 없다.

호스텔로 돌아오는 길엔 과달키비르강을 따라 걸었다. 선선한 밤

바람이 온몸을 기분 좋게 훑고 지나갔다. 강변 주위에 즐비하게 늘어선 바와 카페에는 사람들이 어김없이 들어차 앉아 있고, 강둑 위에 빽빽이 자리 잡은 연인들은 시간 가는 줄 모르고 긴 밤 대화를 나눴다. 저마다 한 손에는 맥주 한 병씩을 들고 밤의 기운에 몸을 맡기고 있었다. 모두들 이 시간을 기다린 걸까? 아니, 이제부터 그들의 하루가 시작되는 걸까? 하루가 저무는 늦은 오후가 되어서야 도시는 활기차게 피어나고 있었다.

문득 어릴 적 시골에서 보냈던 여름밤이 떠올랐다. 저녁 밥상이 물러나면 사람들은 하나둘씩 동네 어귀에 있는 마을 회관으로 모여들었다. 정해진 시간은 없었다. 먼저 온 이는 자리 잡고 앉아 부채질을 하며 시간을 보냈고, 또 누군가의 그림자가 보이면 소리 높여 반갑게 이름을 불렀다. 아이들은 회관의 불빛과 달빛에 의존해 뛰어놀았고, 동네 어르신들은 평상 위에서 이야기꽃을 피웠다. 우리 어머니는 과일을 내오셨고, 친구네 어머니는 모기향을 가져오셨다. TV가 없었어도, 컴퓨터가 없었어도 모두가 지루할 틈 없는 한여름 밤이었다.

감히 난 말할 수 있다. 우리의 낮이 아무리 밝고 아름답다 하더라도, 때로는 세비야에서의 보낸 나의 여름밤처럼 그 어느 때보다 환하고 아름다운 밤도 있는 법이라고.

프랑스, 파리
France, Paris

She said
가벼운 화려함만으로 치장한 수십만 개의 큐빅과는 비교하지 마세요!
그대 손가락 위 커다란 다이아몬드처럼 빛나는 우아한 파리의 야경을…….

사 치 스 러 운 여 행 자 의 밤

파리 도착 몇 주 전 '에어비앤비'를 통해 이곳에 머무는 동안 묵을 아파트를 하나 빌렸다. 방 2개에 거실, 거기다 나만의 부엌까지 딸린 완전한 독립 공간. 허름한 싸구려 호스텔만 전전하던 우리에게 이 얼마 만에 찾아온 호사인가! 둘이었다면 다소 부담스러운 비용이었겠지만 프랑스 여행은 5명이 함께했기 때문에 가능한 일이었다. 남미 여행 중 우연히 만나 유럽으로까지 자연스럽게 이어진 한 인연과 한국에서부터 알고 지내던 동생, 그리고 그녀의 친구가 살랑대는 봄날 프랑스 하늘 아래서 만났다. 정해진 일정과 선호하는 여행 스타일이 달라 처음부터 끝까지 함께하진 못했지만 타지에서 사서 고생 중인 청춘들에게는 시작의 순간, 함께 있다는 것 자체가 중요했다. 둘보단 다섯이 든든하지 않은가!

우리 중 파리 여행의 경험이 있는 사람은 나를 포함하여 두 명이었는데, 함께라면 어디든 좋다는 다른 한 명을 제외하고 보니 내가 이 도시에서의 일정을 주도하게 되었다. 어디 보자, 기획자, 작가, 수학 선생님, 일러스트레이터, 포토그래퍼…… 개성 강한 다섯은 각자 보고 싶은 것도 하고 싶은 것도 달랐다. 하지만 내가 누군가? 바로 '유경험자, 파리 한 번 와 본 사람!' 이리저리 머리를 굴려 예전의 경험을 바탕으로 그때 미처 가 보지 못한 곳을 넣고 빼고, 일행의 의견을 최대한 수렴하고 조합하여 낮 시간 동안 가볼 곳들을 탄탄하게 구성했다. 그렇게 짠 계획을 중심으로 때로는 함께, 때로는 각자의 시간을 보내며 눈부신 파리 거리를 자유롭게 활보했다.

루트는 완벽했다. 아니, 사실 완벽한 줄 알았던 내 계획의 허점은 그날 오후 늦게야 드러났다. 루브르 박물관에도 다녀왔고, 에펠탑과 사이요 궁도 구경했다. 몽마르뜨 언덕도 진작 올라갔다 내려왔고, 분위기 좋은 노천카페에서 느긋하게 커피도 한 잔 마셨다. 그러고도 센강을 따라 한참이나 걸었는데 아직도 해가 쌩쌩했다. "아니, 도대체 몇 시인 거야?" 어랏, 시계를 보니 밤 10시가 훌쩍 넘어 있었다. 그랬다. 6월의 유럽은 해가 길다. 2박 3일의 짧은 일정 동안 파리의 밤을 제대로 느끼기엔 시간이 턱없이 부족했다.

　"파리의 야경을 제대로 감상하려면 어디로 가야 해?"라고 묻는 T군의 물음에 난 일말의 고민할 가치도 없이 센강의 대표 유람선인 바토무슈Bateau-mouche에서 바라본 파리의 밤을 추천했다. 10년 전 내가 그랬듯 우리 일행들에게도 잊지 못할 황홀한 밤을 선사하고 싶었다. 파리의 밤은 여행자라면 꼭 한 번은 만나야 할 신세계니까. 여행을 하다보면 낮과 밤의 느낌이 확연히 다른 도시가 종종 있다. 그 다름이 수수한 낮에 비해 밤이 되면 화려해지는 반전의 매력에 있다면 파리의 밤거리는 낮에는 보이지 않던 깊이 있는 우아함을 발견할 수 있다는 점에서 다른 도시의 그것과는 다르다. 야경이라 하니 우뚝 솟은 전망대에서 내려다봄을 예상했겠지만 바토뮤슈를 타고 센강을 거슬러 오르며 마주하는 밤의 파리는 특히 이색적인 광경이라 할 만하다. 아래에서 위를 향하는 시선……. 어쩌면 고양이나 개가 바라보는 우리네 세상이 이럴까 싶기도 하고, 오페라의 유령 속 크리스틴이 팬텀과 함께 타고 가는 나룻배에서 바라본 시선일까 싶기도 하다.

　이튿날 일행을 모두 데리고 해 질 녘에 맞춰 바토무슈 선착장으로 향했다. 우리가 탄 바토무슈는 에펠탑을 등지고 출발하여 노트르담 대성당을 향해 거침없이 나아갔다. 너무 빠르거나 너무 느리지도 않게 선내 안내 방송과 속도를 맞추며 루브르 박물관, 오르세 미술관, 개선문 등 파

리 시내 10여 개의 유명 건축물 사이를 여유롭게 지났다. 전망대에서 바라보는 야경이 저 멀리 닿을 수 없는 이름 모를 별빛을 좇는 것과 같다면 뱃전에서 바라본 파리는 몸을 쭉 뻗으면 잡힐 듯 내 손 안의 다이아몬드와 같이 빛이 났다. 우아한 빛을 내뿜는 주홍빛 건물들이 마치 내 것인 것마냥 흐뭇했다. 1시간 10여 분의 꿈같은 시간이 지나고 배는 마지막으로 에펠탑 앞을 돌아 들어왔다. 선착장을 나선 후 때마침 반짝이는 에펠탑 점등쇼가 오늘 밤을 더욱 황홀하게 밝혀줬다. 우아한 도시의 밤, 여행자에겐 때론 오늘 같은 사치가 필요하다.

T군 N양's
Sketchbook

비교 체험
극과 극

고성을 찾아서

프랑스의 고성 vs 스코틀랜드의 고성

밝고 화사하면서도 화려하고 우아한 프랑스의 고성은 이 세상 여자들의 로망을 실현시켜 주기에 충분하다.

나중에 돈 많이 벌면 이런 성 같은 집 하나 지어 살자며 해맑게 웃는 N양에게 차마 그건 실현 불가능한 일이

라 말하지 못했다.

1

굳건하고 듬직한 스코틀랜드의 고성은 남자들의 눈을 단번에 사로잡는다. 거친 대지 위에 우뚝 선 스코틀랜드의 고성을 바라보고 있자니 남자의 가슴이 뜨거워졌다.

영화 같은 숙소들

헛간 숙소 vs 4성급 호텔

루체른 근처의 헛간 숙소는 단어 그대로 진짜 헛간을 개조한 도미토리다. 헛간을 가득 채운 진한 볏짚 향이 깊숙이 밴 낭만적인 공간, 침대도 없이 볏짚 위에 그대로 몸을 누인다. 누구나 한 번쯤은 상상해 봤을 여행 중 헛간에서 머물기를 실현시켜 준 곳이랄까?

체르마트의 호텔 마터호른 포커스는 우리가 묵은 숙소 중 가장 호화로웠던 숙소다. 럭셔리한 수영장과 스파,
따뜻한 벽난로 등이 마련되어 있어 운치 있는 알프스의 낮과 밤을 만끽하기에 적격이다.

한여름의 레포츠

캐니어닝 vs 눈썰매

무더운 여름날. 녹음 우거진 수풀과 계곡을 넘나들며 얼음장처럼 차가운 물에 몸을 담근 채 아찔한 급류를 타고
계곡을 내려오는 캐니어닝은 청정 자연을 온몸으로 느낄 수 있는 익사이팅 레포츠다.

3

한여름 태양에도 끄떡없는 빙하와 만년설로 유명한 티틀리스(Titlis)에선 일 년 내내 스노우 레포츠를 즐길 수 있다. 새하얀 만년설 위, 파란 하늘 속으로 날아갈 듯 미끄러지는 눈썰매는 보는 이뿐만 아니라 타는 이의 마음속까지 시원하게 한다.

세상 끝에서

대륙의 서쪽 끝 vs 북쪽 끝

세상의 끝에 서 본 적이 있는가? 유럽에선 대륙의 서쪽 끝과 북쪽 끝에 설 수 있다. 대서양을 바라보며 모험
을 꿈꾸던 이들이 우뚝 섰던 곳, 포르투갈의 카보 다 로카(Cabo da Roca)가 미지의 세계로 진출하는 이들에
게 희망의 시작을 선물한다.

스코틀랜드의 더넷 헤드(Dunnet Head)는 그 반대다. 위태로운 절벽 위로 쉼 없이 불어닥치는 바닷바람과 수시로 시야를 가로막는 짙은 안개 때문에 진정으로 세상의 끝에 홀로 남은 것과 같은 절망감과 막막함을 느낄 수 있다.

성당

노트르담 대성당 vs 위세 성 내 예배당

엄숙과 웅장의 대명사격인 노트르담 대성당은 수많은 사람들을 품을 수 있을 만큼 거대한 예배당을 자랑한 다. 공기 속 낮게 흐르는 성가대의 노랫소리와 어두운 실내로 새어 들어오는 한줄기 빛은 우리가 기대하는 성 당의 진면목을 보여준다.

5

위세 성(Usse Castle) 내의 작은 예배당은 기존 예배당의 무거움에서 벗어난 밝고 화사함이 있다. 눈부시도록 하얀 예배당을 가득 채우는 햇살이 더욱 따뜻하고 성스럽게 느껴진다.

Behind

준비부터
도착까지

아름답게 떠나기 위하여

결심과 동시에 훌쩍 떠날 수 있다면 얼마나 좋겠습니까마는 쌓아온 사회적 지위와 체면(?)도 있고, '내가 없는 한국은 누가 지키나?' 하는 괜한 걱정에 선뜻 발걸음이 떨어지지 않았습니다. 전 결혼식을 치른 후 진행 중이던 프로젝트를 마무리하고 같은 해 7월에 회사를 그만두었습니다. 흔히들 프리랜서 포토그래퍼로 일하고 있는 T군은 언제든 떠날 수 있을 거라 여겼지만 사실상 직장인이었던 저보다 떠나기 힘든 건 그였습니다. 프리랜서라는 게 하나의 1인 기업과도 같아서 거래처 사람들에게 일일이 양해를 구하며 차근차근 문 닫을 준비를 해야 했기 때문입니다. 저야 다녀와서 멋들어지게 이력서를 쓴 후 다시 어딘가에 면접을 보면 됐지만, 그는 관계를 위한 디딤돌을 처음부터 다시 쌓아야만 했으니까요. 떠남을 위하여, 남겨질 것들을 위하여 우리는 3개월의 준비 기간을 갖기로 했습니다.

살던 집 & 쓰던 가구 처분하기

짧다면 짧고 길다면 긴 1년 동안 쓸모없는 것들은 깨끗이 정리하고 떠날 필요가 있었습니다. 고등학생 때부터 시작하여 자취 생활만 20여 년 가까이 해온 T군의 집에는 낡은 가구며 자동차 등 처분해야 할 짐들이 산더미처럼 쌓여 있었습니다. 장롱이며 침대 같은 가구부터 벽시계나 액자 등의 작은 소품 하나까지 모조리 인터넷 중고 시장(네이버 중고나라 카페http://cafe.naver.com/joonggonara)이나 동네 재활용센터를 통해 팔았고, 안 읽는 책들은 중고 서점(알라딘 중고 서점http://used.aladin.co.kr)에 부지런히 갖다 날랐습니다. 또한 안 입는 옷과 가방, 신발 하나까지 돈 되는 건 모두 벼룩시장에 내놓았어요. 지금 생각해 보니 참 구질구질하다 싶지만 가난한 배낭여행자에겐 한 푼이 소중했으니까요.

　　주변 정리를 하는 데만 해도 시간은 정신없이 흘렀습니다. 떠날 여행지에 대한 계획과 공부, 짐 챙기기는 아직 시작도 못했는데 말이에요. 하루는 '우리가 정말 떠날 수 있을까?' 싶다가, 또 하루는 떠난 빈자리가 너무나 깨끗해서 영영 돌아오지 않아도 아무도 눈치 채지 못할 것 같은 생각이 들기도 했죠. 출발 이틀 전, 집 안의 물건 중 마지막으로 침대가 팔려 나간 후 텅 빈 방에서 침낭을 펴고 잠을 자려니 그제야 떠남이 실감났습니다.

여행 경비 마련하기

상견례 당시 결혼식은 9월로 예정되어 있었습니다. 그런데 예식장을 알아보던 중 윤달인 5월엔 식장 빌리는 비용이 '공짜!'라는 얘기를 듣고 당장에 날짜를 바꾸었죠(사람들이 윤달 결혼을 피한다고 하네요). 저희는 웨딩 촬영, 예단, 폐백, 혼수는커녕 커플링 하나 맞추지 않았기 때문에 결혼식 당일 입은 드레스 및 헤어, 메이크업 비용 90만 원을 제외한 나머지 비용을 절약할 수 있었어요. 한국에서 결혼을 치르려면 적게는 몇 백만 원에서 많게는 몇 천만 원까지 든다고 하는데 그 돈을 모두 신혼여행에 털어 넣은 셈이지요. 거기다 월세 보증금과 자동차 판 돈, 쓰던 물건들을 남김없이 처분한 돈까지 보태니 그 비용이 제법 쏠쏠했습니다. 게다가 알고 봤더니 각자 언젠가 떠날 세계 여행에 대비해 통장을 마련해 두었단 사실! 우린 역시 천생연분, 떠날 운명이었나 봐요. 이렇게 있는 돈 없는 돈 긁어모으니 둘이 함께 1년쯤 여행할 수 있는 돈이 마련되었습니다.

1년간 세계 여행 경비(실제 여행은 14개월):
2인 합계 약 5,000만 원＝혼수, 예물, 폐백 등 결혼식 때 아낀 비용+월세 보증금 및 자동차와 쓰던 물건 판 비용+각자 저금했던 돈

배낭 선택과 짐 싸기

세계 여행을 준비하면서 가장 신중하게 고민했고, 또 가장 결정하기 힘들었던 부분이 가방 선택이었습니다. 여행 내내 우리의 전 재산을 가득 담고 다닐 늘 내 몸과 하나 될 아이템이었기 때문이죠. 배낭과 캐리어는 익히 알고 있었지만 가방에 대한 정보를 찾다 보니 끌낭이라는 게 있었습니다. 배낭처럼 멜 수도 있고, 캐리어처럼 끌 수도 있다는 장점 때문에 혹했지만 바꿔 말하면 배낭의 기능으로도, 캐리어의 기능으로도 완성도가 높지 않다는 의견이 많아 일찌감치 선택에서 제외했습니다. 저희는 중남미를 뚜벅이로 여행할 계획이었기 때문에 최종적으로 배낭을 선택했지만, 주로 렌터카로 이동했던 유럽 여행만을 위한 것이었다면 캐리어를 선택했을 것 같아요. 아무래도 거의 매일 짐을 풀고, 싸고, 정리하기에는 배낭보다 캐리어가 더 편하니까요.

다음의 고민은 배낭 크기였습니다. 배낭의 크기는 보통 리터(L) 단위로 나오는데, 평소 배낭에 큰 관심을 두고 있지 않은 사람이라면 눈으로 보지 않고 그 크기를 가늠하기란 매우 어렵습니다. 저희도 그랬고요. 참고로 저는 168cm의 키에 45L짜리 배낭을 멨고, T군은 182cm의 키에 75L짜리 배낭을 멨습니다. 저희가 선택한 배낭의 크기가 정답은 아닙니다. 저는 가능한 짐을 줄이고 줄여 빈틈없이 꾹꾹 눌러 담는 스타일이고, T군은 대충 구겨 넣어 공간이 많이 남게 다니는 스타일이죠. 그래서 제 배낭은 늘 조금만 더 컸으면 싶게 터질 듯 빵빵했고, T군의 배낭 속은 항상 여유로웠습니다. 개인마다 적절한 배낭의 크기는 각자 필요로 하는 짐의 부피에 따라, 그리고 짐을 꾸리는 스타일에 따라 얼마든지 달라질 수 있습니다.

마지막으로 빈 배낭을 멨을 때와 물건을 가득 넣어서 멨을 때의 착용감은 현저히 다릅니다. 그러므로 본인에게 딱 맞는 제품을 고르기 위해서는 최대한 실제처럼 배낭 속을 가득 채운 후 오랫동안 메고 있어 봐야 합니다. 사실 국내외 유명한 산악 브랜드라면 배낭의 견고함에 있어서는 크게 걱정하지 않아도 된다고 생각합니다. 다만, 제 경우엔 단 100g이라도 무게를 줄이는 게 관건이었기 때문에 배낭 자체 무게가 선택의 기준에 있어서 매우 중요한 요소로 작용했고, T군의 경우에는 배낭의 무게가 다소 무겁더라도 허리에서 힘을 잘 분산하여 받쳐주는 제품을 선호했습니다. 즉, 사람마다 체형도 다르고 선호하는 배낭의 기준도 다르기 때문에 배낭을 선택할 때에는 매장에서 직접 메어 보고 결정할 것을 권하는 바입니다.

배낭 속 들여다보기

---◇1◇---

T군's 큰 배낭 속(약 17kg)

반팔 티셔츠 3벌, 반바지 3벌, 긴팔 티셔츠 2벌, 긴바지 2벌, 초경량 오리털 점퍼, 윈드 재킷, 양말 3켤레, 팬티 3벌, 일회용 우의 2벌, 침낭, 스포츠 타월 1개, 수영복, 비상식량(건조 김치, 볶음고추장, 바로 비빔밥, 미숫가루, 누룽지, 락앤락 통에 담은 양념 조금), 콘돔, 외장하드, 예비 카메라, 카메라 충전기, 전기 쿠커, 각종 서류 사본 1부씩(여권, 신분증, 국제운전면허증, 황열병 예방접종 확인증) 등

락앤락 통 → 중간 크기 정도의 밀폐 용기는 여행 시 매우 유용합니다. 각종 양념을 담아 다니거나 달걀같이 깨지거나 짓무르기 쉬운 재료 또는 먹다가 남은 음식을 보관할 수도 있고, 뚜껑을 이용해 요리 시 도마로 사용할 수도 있어요.

전키 쿠커 → 라면 2개 정도 끓일 수 있는 미니 전키 쿠커 또한 아주 유용하게 사용했습니다.

◇ 2 ◇

T군's 보조 배낭 속(약 10kg)

각종 중요 서류 원본 및 사본 2부씩(여권, 신분증, 국제운전면허증, 황열병 예방접종 확인증, 증명사진 10장 등), 삼각대를 포함한 카메라 장비, 미화 2,500달러, 한화 50,000원, 신용카드 2장, PP카드 등

◇ 3 ◇

N양's 큰 배낭 속(약 13kg)

반팔 티셔츠 4벌, 반바지 2벌, 긴팔 티셔츠 3벌, 긴바지 3벌(레깅스 포함), 초경량 오리털 점퍼, 윈드 재킷, 양말 3켤레, 고무줄 치마, 속옷 상의 3벌(유니클로 에어리즘), 팬티 4벌, 원피스 1벌, 비키니 1벌, 물안경 2개, 접이식 챙 넓은 모자, 스포츠 타월 1개, 침낭, 워시백(샴푸, 린스, 헤어 에센스, 폼 클렌징, 치약, 칫솔, 면도기, 이태리타월, 손거울, 빗 등), 화장품(스킨, 로션 각 140ml, 바디로션, 선크림, 비비크림 등), 반짇고리, 랜턴, 낚싯줄, 손톱깎이, 귀이개, 족집게, 노란고무줄 약 50개, 생리대(1회 사용분), 비상약(소화제, 지사제, 해열진통제, 종합감기약, 멀미약, 대일밴드, 고산병 예방용 비아그라, 비타민) 등

고무줄 치마 → 급하게 옷을 갈아입어야 할 때 유용합니다.

유니클로 에어리즘 → 브래지어 대신 캡이 내장되어 있는 민소매 티 형식으로 옷 대신으로도 입을 수 있어 아주 유용했어요.

반짇고리 → 사소한 것 같지만 반드시 필요한 물건입니다.

비상약 → 부피를 줄이기 위해 각종 약은 하나씩 낱개로 까서 밀폐된 통 하나에 모두 담았고 약통 안에 각 색깔별로 무슨 약인지 알 수 있도록 메모를 했습니다.

◇ 4 ◇

N양's 보조 배낭 속(약 6kg)

각종 중요 서류 원본 및 사본 2부씩(여권, 신분증, 국제운전면허증, 황열병 예방접종 확인증, 증명사진 10장 등), 노트북과 충전기, 콤팩트 카메라 및 충전기, 우쿨렐레, 미화 2,000달러, 한화 50,000원, 신용카드 2장, PP카드, 손수건, 파우더 팩트, 립글로스, 아이라이너 등

우쿨렐레 → T군이 사진 찍는 동안 전 옆에서 우쿨렐레 연습을 하기 위해 들고 갔습니다. 여행 초반 열심히 연습한 후 중반 이후 거리 공연을 꿈꾸었으나 쑥스럽기도 하고 실력도 좋지 않아 실패. 그래도 아름다운 자연을 바라보며 한량처럼 자유로울 수 있었던 그 시간이 좋았습니다.

카메라 준비 및 데이터 보관하기

여행 사진 강의를 하면서 자주 받는 질문들 중엔 이런 것들이 있습니다. "카메라 장비는 어느 정도까지 준비해 가야 하나요?", "렌즈는 어떤 걸 가져가죠?" 저는 이렇게 대답합니다. "사진에 대한 열정만큼 가져가세요."

더 무겁고, 더 비싸고, 더 다양한 장비를 준비하면 분명 그만큼 좋은 사진을 얻는 것은 자명한 사실입니다. 하지만 그 장비들을 메고 다녀야 하는 고생과 여행지에서 사진 촬영을 하느라 소모해야 하는 시간은 의외로 큽니다. 사진에 큰 관심이 없는 이가 무작정 무겁고 많은 장비를 들고 떠나는 것은 권장하고 싶지 않습니다. 그렇지만 현지에서 맞닥뜨리게 되는 찰나의 순간을 기록하는 것 또한 여행 시 매우 중요한 부분이라는 것도 부정할 수는 없죠. 그러므로 각자의 여행에서 사진이 차지하는 비중이 얼마나 되는지를 먼저 고민해 보세요. 어떤 이에게는 휴대폰과 셀카봉만으로도 여행의 추억을 담아오기에 충분할 수 있습니다. 그러나 저에게 여행과 사진은 떼려야 뗄 수 없는 관계입니다. 사진을 남기지 않는 여행은 상상할 수도 없죠. 그래서 촬영 장비에 있어서만큼은 아쉬움을 남기지 않기 위해 치밀하고 꼼꼼하게 준비했습니다. 평소에는 호스텔의 개인 보관함이나 렌터카 깊숙이 안 쓰는 렌즈를 남겨 놓고, 그날 하루 쓸 장비들만 가지고 외출을 하곤 했습니다. 한 가지 조언을 드리자면 장기 여행을 떠나기 전에 여행 사진 강좌 하나쯤은 듣고 떠나기를 추천합니다. 기초

과정만 습득하더라도 남겨 오는 사진은 확연히 다를 것입니다.

　　장기 여행을 떠나는 이들의 또 다른 고민거리 중 하나는 사진 데이터 관리일 것입니다. 여행이 지속될수록 돈은 잃어버려도 괜찮지만 데이터만은 절대 잃어버려서는 안 된다는 생각이 들게 됩니다. 그도 그럴 것이 여행 내내 촬영했던 기록들은 억만금을 주고도 살 수가 없기 때문이죠. 그렇다면 데이터 관리는 어떻게 하는 게 좋을까요? 여행 중 웹하드나 클라우드에 올리면 된다고 생각할 수도 있으나 사실상 그건 어렵습니다. 여행이 길어질수록 데이터의 용량은 많아지고, 한국처럼 인터넷 환경이 좋은 곳을 찾기란 쉬운 일이 아닙니다. 사진에 평균 이상으로 관심이 많으시다면 인터넷을 통해 촬영 데이터를 전송한다는 것은 상상도 하지 마시길 바랍니다. 전 크기가 조그마한 2.5인치 외장하드를 추천합니다. 적어도 두 개 이상은 필요합니다. 여행 중 복사본(백업)을 만드는 것은 필수입니다. 그리고 복사된 하나의 외장하드를 여행 중간에 한국에 있는 집으로 보내세요. 여행 중에 가방이나 장비들을 분실했다는 이들을 여럿 보았습니다. 그들은 장비뿐만 아니라 오랜 기간 촬영했던 데이터를 분실한 것에 더욱 안타까워했습니다. 그런 안타까운 사고에 대비하여 반드시 두 개 이상의 외장하드에 데이터를 나누어 보관하시고, 각기 다른 배낭에 보관하여 다니다가 적절한 타이밍에 한국으로 보내세요. 한국에서 받은 외장하드의 데이터가 정상적으로 잘 작동되는지까지 최종 확인을 하셔야 하고요. 잊지 마세요! 여행이 길어질수록 장비보다도 당신의 데이터가 더욱 소중하다는 사실을.

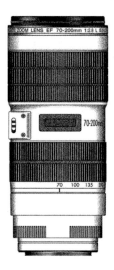

camera

T군이 가져간 카메라 장비들

카메라 바디 → 캐논 5D Mark2 와 5D, 전 여벌의 카메라를 하나 더 준비했습니다. 현지에서 갑자기 카메라가 고장 날 경우를 대비한 예방책으로 말입니다.

표준렌즈24mm-70mm → 가장 기본적이며 일반적인 렌즈입니다.

광각렌즈16mm-35mm → 광활한 자연을 촬영하기 위한 렌즈입니다.

망원렌즈70mm-200mm → 동물과 인물 촬영을 위한 렌즈입니다.

플래시 → 어두운 실내나 야간 촬영을 위해, 간혹 실내에서 음식을 촬영할 때에도 썼습니다.

삼각대 → 도시의 야경 촬영을 위해 또는 둘만의 기념사진을 위한 용도로 준비해 갔습니다. 여행 시 체력 소모를 최소로 하기 위해 출발 직전에 카본으로 된 가벼운 삼각대에 투자를 좀 했고, 덕분에 삼각대가 큰 짐으로 여겨질 만큼 거추장스럽지는 않았습니다. 요즘은 셀카봉도 추가로 준비할 수 있겠네요.

카메라 장비 전용 배낭 → 장비들을 확실히 보호할 수 있는 쿠션이 좋은 카메라 전용 배낭을 멨습니다.

이밖에 여분의 카메라 배터리와 충전기, 부수적인 액세서리들이 있을 수 있겠네요. 저희의 경우엔 N양이 쓸 소형 콤팩트 카메라와 콤팩트 카메라용 방수팩을 준비해 갔습니다. 수중 촬영이 필요한 경우에는 콤팩트 카메라를 이용했어요. 그리고 레포츠를 즐길 때 기록을 남기지 못하는 것이 안타까워 결국 여행 중 액션 카메라인 고프로 카메라를 하나 마련했습니다. 여행 중 제 카메라 배낭의 무게는 약 10~12kg 쯤 되었고요, 잘 때도 꼭 끌어안고 잘 정도로 저희 짐 중 1순위로 지켜야 할 재산이었죠.

출발 전 여행 정보 모으기

어떤 이들은 몇 년에 걸쳐 여행지에 대한 정보를 수집하고 완벽한 여행 루트와 이동 계획을 짠 후 실행에 옮기기도 한다지요. 하지만 저희는 남겨질 것들에 대한 수습과 정리를 하는 데만 해도 정신없이 바빠서 막상 떠남에 대한 계획을 짤 시간은 여유롭지 못했습니다. 가고 싶은 대륙(중남미, 북미, 유럽)만 확정한 채 첫 도시로 날아가는 비행기 표와 첫째 날 묵을 숙소 정도만 한국에서 예약하고 떠나게 되었죠. 그 외에 구체적으로 꼭 가고 싶은 여행지에 대한 건 그동안 각자 틈틈이 모아왔던 인터넷 스크랩을 나라별로 정리하는 정도로 준비했습니다. 둘 다 계획대로 움직이는 것보다는 좋으면 더 머물고, 별로다 싶으면 가차 없이 돌아서는 여행을 추구했기 때문에 완벽하지 못한 계획에 대한 걱정은 그다지 크지 않았습니다. 대신 여행을 떠나기 전, 인터넷 카페의 모임을 통해 세계 여행을 다녀온 사람들을 많이 만나보았습니다. 여행지에서 주의할 점이나 꼭 필요한 준비물에 대한 조언을 듣기도 하고, 무엇보다 직접 다녀온 사람들을 눈앞에서 만나고 나니 "나도 할 수 있겠구나!" 하는 용기가 생겼습니다.

　각 도시에 도착하여 가장 먼저 찾아간 곳은 인포메이션 센터였습니다. 저희가 예습하지 않고도 풍요롭게 여행을 할 수 있었던 이유는 다 인포메이션 센터 덕분이었다고 해도 과언이 아닙니다. 그만큼 각 도시별로 인포메이션 센터에서 얻을 수 있는 여행 정보는 무궁무진합니다.

마지막으로 동행 구하기에 대한 이야기를 하고 싶네요. 혼자 떠나는 여행을 즐기는 이도 있는 반면 동행과 함께하는 여행을 선호하는 이들도 있습니다. 다만 동행이라는 듣기 좋은 어감에 들떠 때로는 여행 중 서로 간의 의견 차이로 오히려 불편해질 수도 있다는 사실을 간과하죠. 해외로 낯선 여정을 떠나기 전, 동행을 찾는 경우엔 반드시 고려하고 인지해야 할 점이 있습니다. 사람들은 저마다 여행 스타일과 취향이 나르다는 사실입니다. 누가 옳고 그름의 문제는 아닙니다. 다만 각자 다른 곳을 바라보고, 다른 이상을 추구하는 이와 같은 공간에 있는 것이 오히려 서로를 불편하게 만들 수도 있다는 말입니다. 다행히 저와 T군은 추구하는 이상향과 여행 스타일이 잘 맞아 끝까지 여행을 마칠 수 있었지만요.

현지에서 만나 쿵짝이 잘 맞아 자연스럽게 어울렸다가 또 자연스럽게 헤어지게 되는 동행에 비해 필요(렌터카나 패키지 이용 등)에 의해 한국에서 구하게 되는 동행은 일단 시작하면 여행이 끝날 때까지 거의 함께 움직이는 경우가 많습니다. 이럴 땐 원래부터 알고 있던 친구든, 여행을 위해 만난 낯선 이든 가능하다면 반드시 국내 여행부터 함께 해볼 것을 권합니다. 적어도 3박 4일 정도는요. 서로의 여행 스타일을 파악하고, 의견이 잘 맞는지 알아보는 이 시간이 참 유용할 거라고 생각합니다. 또한, 상대방에 대해 잘 알게 되었다고 확신했더라도 여행 중 어느 순간 불편함을 느끼거나 상대와의 의견 차이가 영 좁혀지지 않는다면 미련 없이 각자의 길을 가는 게 옳습니다.

어렵게 마련한 인생의 소중한 시간, 자기 자신을 위해 최선을 다하는 것이 훗날 후회가 없을 테니까요. 저희도 1년이 넘는 기간 동안 다양한 국가의 친구들을 만나 함께 여행을 하고 헤어지기를 수없이 반복했습니다. 그중엔 지금까지도 긴밀하게 연락을 주고받고 웃으며 추억을 이야기하는 친구들이 있는가 하면 여행 내내 의견이 맞지 않아 불편했던 이들도 있습니다. 아쉽게도 후자와 함께했던 여행은 여행지에 대한 추억마저 안 좋은 기억으로 남아 있습니다.

여행 준비에 대한 이야기를 하다 보니 저희는 참 대책 없이 떠난 부부 같다는 생각이 드네요. 하지만 장기 여행은 하나부터 열까지 완벽하지 않아도 괜찮습니다. 오히려 내가 가진 넘쳐나는 정보에만 의존하다 보면 현지인이 들려주는 진짜 여행 정보를 놓치게 되는 경우도 종종 생기게 되거든요.

항공권 → 틈이 될 때마다 스카이스캐너http://www.skyscanner.co.kr라는 사이트(앱)를 통해 검색했습니다.

숙소 → 부킹닷컴http://www.booking.com, 에어비앤비www.airbnb.co.kr, 호텔스닷컴http://hotels.com, 아고다http://www.agoda.com 등을 비교하여 예약하기도 했고, 가격만 파악한 후 현지에서 직접 발품을 팔아 숙소를 알아보기도 했습니다.

아낄 땐 아끼고, 쓸 땐 쓰고

어떻게 이동할 것인가?

구석구석 자동차로 여행하기

유럽, 특히나 서유럽은 각 도시 간에 고속철도가 잘 발달되어 있어 대중
교통만으로도 큰 불편 없이 이동이 가능합니다. 하지만 저희는 소도시나
작은 마을을 위주로 구석구석 좀 더 여유롭게 둘러보고 싶은 마음에 렌터
카와 리스카를 이용하기로 했습니다. 저희 같은 가난한 여행자가 유럽이
나 북미에서 렌터카 여행이 가능한 가장 큰 이유는 렌트 비용이 상대적으
로 무척 저렴하기 때문입니다.

인터넷에서 할인 상품을 잘 찾으면 하루에 2만 원 정도로 한국의 소나타 같은 중형차를 렌트할 수 있습니다. 게다가 현지 물가에 비해 상대적으로 저렴한 주유비도 렌터카 여행의 부담을 덜어줍니다. 렌터카와 리스카 모두 일정 기간 임대하여 사용한다는 점에서는 같습니다. 렌터카와 리스카의 장단점에 대해 간단히 설명하겠습니다.

	리스 Lease	렌트 Rent
정의	내가 선택한 자동차를 리스 회사가 대신 구입한 후, 리스 회사에 돈을 지불하고 일정 기간 동안 새 차를 임대하는 개념입니다. 내 명의로 계약된 자동차를 건네받는 것이기 때문에 현장에서 다른 자동차로 변경할 수는 없습니다.	렌터카 회사에 돈을 지불하고 일정 기간 동안 임대하는 방식은 리스와 비슷하지만 예약 시 차종이 확정되는 것은 아니기 때문에 자동차를 건네받으러 가서 현장에서 다른 차로의 변경이 가능합니다.
장점	새 차가 지급되기 때문에 여행 기간 동안 깨끗하고 쾌적한 최신 모델의 자동차를 이용할 수 있습니다.	현장에서 동급의 차종으로 차종을 변경하는 것이 가능하기 때문에 차량이 마음에 들지 않는 경우 다른 차종으로 변경이 가능합니다(단, 동급의 차종이 있는 경우에만). 캐나다에서 차량을 렌트하려고 했을 때의 원래 차량이 차숙을 할 수 없는 차였습니다. 트렁크와 뒷좌석의 높이 차이가 너무 많이 났거든요. 그래서 저희 사정을 이야기(차에서 잘 거다)했더니 동급 내에서 차숙이 가능한 차량으로 무료 교환이 되었습니다.

	리스 Lease	렌트 Rent
장점	슈퍼 보험에 들어 있어서 사고에 대한 걱정을 많이 덜 수 있습니다. 여행 중 저희가 리스한 자동차의 타이어가 펑크 난 적이 있었는데, 다행히 타이어 교체 비용 전액을 보험으로 처리할 수 있었습니다.	차량을 건네받으러 가서 예약했던 차종이 없는 경우 동급의 차량으로 변경될 확률이 있습니다. 한 가지 팁을 드리자면 렌터카 회사의 업그레이드 시스템입니다. 계약한 차량이 렌트 당일 없을 경우 무료로 업그레이드를 시켜줍니다. 가령 경차를 예약했는데 당일 경차가 없는 경우 중형차로 업그레이드 서비스를 받을 수 있는 거죠. 저희는 총 6번의 렌터카 이용 중 2번의 무료 업그레이드를 받을 수 있었습니다.
단점	일정 기간 계약 후 그 계약만료일 전에 해지할 시 중도해지 수수료가 큽니다. 그래서 저희도 여행 중간 일행과 헤어진 후 계약을 해지할까 마음먹었다가 해지를 못했지요.	중고 자동차를 빌리는 것이기 때문에 항상 쾌적한 자동차를 빌릴 수만은 없습니다. 또한, 차량을 건네받으러 가서 차량이 없는 경우 동급의 차량으로 변경되는 과정에서 연식이 오래된 자동차를 받게 될 수도 있습니다.
	주행 거리에 제한이 있습니다. 계약된 주행 거리를 초과할 시 위약금(초과운행부담금)이 추가되게 되죠.	기본 보험과 업그레이드 보험이 있기 때문에 계약 시 잘 확인하여야 합니다. 업그레이드 보험 같은 경우에는 차량 렌트비보다 오히려 더 비쌀 수도 있으니 꼼꼼히 따져보시길 권합니다.
참고 사이트	www.europass-citroen.com www.roadtoworld.com	www.rentalcars.com www.carrental.com

기본적으로 30일 이내는 렌터카가 리스카보다 저렴합니다. 50일 정도를 기준으로 했을 때는 두 가지를 잘 비교해 본 후 선택할 필요가 있으며, 여행 일자가 길어질수록 리스카가 더 저렴해집니다. 저희는 80여 일의 일정이었던 프랑스에서 스페인, 포르투갈, 이탈리아 등을 거쳐 스위스에서 반납하는 여행은 리스카를 이용했고, 13일간의 스코틀랜드 여행에선 렌터카를 이용했습니다.

렌터카를 빌릴 때 유의할 점

렌터카를 이용할 때에는 계약 전 반드시 차량에 있는 흠집dent들을 자세히 살펴봐야 합니다. 미처 확인하지 못한 흠집으로 인해 반납 시 내가 사고를 낸 것으로 처리되어 훗날 추가 비용을 요구당할 수 있기 때문입니다. 동급의 차량이라면 리터당 연료비를 계산해 조금 더 경제적인 차량을 임대하는 것이 좋습니다. 또한, 저희처럼 차숙을 할 계획이라면 뒷좌석을 접었을 때 트렁크 공간까지 이어져 잠자리로 활용이 가능한지에 대한 여부를 확인합니다.

어디서 잘 것인가?

이틀에 한 번은 차에서 잠자기

오늘 밤 두 다리 쭉 뻗고 잘 수 있는 집이 있다는 게 얼마나 다행스럽고 행복한 일인지는 떠나 본 자만이 알 수 있는 특권이 아닐까 합니다. 엄마들이 '오늘 저녁은 뭘 먹지?'하고 고민하는 것처럼 저희는 늘 '오늘 저녁엔 어디서 자지?'를 고민해야 했습니다. 이번 유럽 여행은 5명이 함께한 여행과 저희 부부끼리만 한 여행으로 나뉩니다. 그에 따라 '잠자리' 선택의 기준도 많이 달라졌고요. 사실 '숙박 시설'의 선택이라고 하지 않고, 잠자리 선택이라고 한 이유는 둘만의 여행에선 이틀에 한 번 꼴로 '차숙'을 했기 때문입니다. 사전에도 정의되어 있지 않은 단어, 차숙……. 차숙에 대한 이야기는 다시 자세히 하도록 할게요.

5명이 함께 이동을 할 때는 주로 캠핑장에서 텐트를 치고 잠을 잤습니다. 사람이 많으니 3명은 뚝딱뚝딱 텐트를 치고, 나머지는 한쪽에서 후다닥 식사 준비를 마칠 수 있었죠. 그 사이 주위가 어둑해지면 랜턴을 켜고 도란도란 둘러앉아 저녁을 먹었습니다. 하루하루가 낭만적이어서 '아, 내가 지금 진짜 여행을 하고 있구나!'하는 생각이 절로 들었죠. 단, 캠핑장에 너무 늦은 시간에 도착하면 관리실 문이 굳게 닫혀 있거나 텐트 치는 소리가 시끄럽다고 텐트를 못 치게 하는 경우도 있어요. 그럴 땐 조금 더 비싸긴 하지만 캠핑장 내 카라반이나 방갈로 시설을 이용하기도 했습니다.

그런데 애초 두 달 이상을 함께 할 것으로 계획했던 일행들과 한 달 만에 헤어지게 되었고, 그 후에는 캠핑장에서 텐트 치고 자기가 어려워졌습니다. 저희가 가진 건 6인용이었기 때문에 대형 텐트용 부지비를 내야 했을 뿐만 아니라 그 큰 것을 둘이 치고 접으려니 여간 힘든 게 아니었거든요. 텐트 한 번 치고 나면 진이 다 빠져 식사 준비는 엄두도 못 냈고요. 집채만큼 커다란 텐트와 냄비, 국자 등의 대형 요리 도구만큼이나 렌터카 또한 둘이 여행하기에는 부담스럽게 컸습니다. 그래서 생각해 낸 대안이 차숙입니다. 6인승 승합차를 캠핑카로 개조시켜 언제든 두 발 뻗고 잘 수 있는 집을 만든 거죠. 차를 타고 가다 멋진 풍경을 만나면 어느새 차는 아늑한 집으로 변신했습니다.

샤워는 어떻게 해결했냐고요? 지나가다 캠핑장이 보이면 샤워 시설만 이용 가능한지를 물어보며 조심스레 양해를 구하였습니다. 둘이 합쳐 3~4유로 정도만 내면 샤워 시설 이용과 먹는 물을 충분히 보충할 수 있었죠. 밤새 주차할 곳이 마땅치 않아 어쩔 수 없이 캠핑장을 이용해야 할 경우에도 텐트는 안 치고 차에서 잘 거라고 얘기하면 소형 텐트용 부지비만 받거나 그냥 자동차 비용만 받는 경우도 있었습니다. '어휴, 차에서 불편하게 어떻게 자?'라고 생각할지 모르나 '오늘 저녁은 또 어디서 자야 하나?' 고민하지 않아도 된다는 사실만으로도 얼마나 기쁘고 행복한지, 떠나 보지 않은 사람은 모를 겁니다.

한편, 5명일 때에도 2명일 때에도 대도시에서 2박 이상을 머물 경우에는 시내에 있는 호스텔이나 유스호스텔을 이용했습니다. 주말이나 휴가, 축제 기간일 때에는 예약을 하고 가는 경우도 있었지만 주로 인터넷에서 몇 군데를 미리 알아 가서 매트리스, 샤워 시설 등 호스텔의 상태를 직접 눈으로 확인한 후 머무를 곳을 최종적으로 결정하곤 했습니다. 쉴 땐 제대로 쉬고 싶은 마음에서죠.

이 밖에 B&B^{Bed and breakfast}를 이용하거나 에어비앤비 사이트를 통해 현지의 가정집을 직접 렌트하기도 했습니다. B&B란 우리나라로 치면 민박집 정도로 볼 수 있겠네요. 다른 숙박 시설에 비해 현지 사람들과 함께 어울리며 그들의 생활을 엿볼 수 있다는 장점이 있지만 저희처럼 내일 당장 어디로 튈지 모르는 사람들이 이용하기에는 한계가 있습니다. 이러한 숙소들은 적어도 1~2주일 전에는 예약을 마쳐야 하며 당일 몇 시에 도착하여 만날지를 정확하게 약속해야 하기 때문입니다.

이 외에도 카우치 서핑이나 한인 민박을 이용하는 방법도 있지만 유럽 여행을 하는 동안 저희는 이 두 가지는 이용하지 않았습니다.

숙소 선택 시 유의할 점

하룻밤을 자더라도 숙소를 선택하는 일은 매우 중요합니다. 잠자리에 따라 하루의 피로가 싹 풀릴 수도 있고, 오히려 여독이 깊어질 수도 있기 때문입니다. 깔끔한 로비에 반해 덜컥 비용을 지불했다가 베드버그에 물려 일주일을 고생한 적도 있고요, 싼 맛에 잤다가 다음날 아침으로 나온 곰팡이 핀 빵에 비위가 상한 적도 있습니다. 그럼 어떤 기준으로 숙소를 결정하는 게 좋을까요?

호스텔의 경우엔 인터넷에서 미리 몇 군데를 알아간 후 현장에서 직접 눈으로 확인을 하곤 했습니다. 이때 인터넷을 통해 먼저 확인할 점은 해당 호스텔의 후기들입니다. 사실 베드버그 여부는 눈으로 봐서는 확인이 어렵기 때문에 각 호스텔의 인터넷 사이트에 올라온 후기들을 꼼꼼히 읽어볼 필요성이 있습니다. 직접 확인할 때에는 도미토리의 환기가 잘 되는지, 매트리스가 꺼지지는 않았는지, 방 크기에 비해 침대가 너무 많지는 않은지 등을 살펴봅니다. 침대의 경우 보통 1층보다는 2층 매트리스의 상태가 더 좋은 편이고요. 그 외에 샤워장에 뜨거운 물은 잘 나오는지, 아침 메뉴가 무엇인지도 확인해 본다면 조금은 더 편안한 하루를 보낼 수 있겠지요.

무엇을 해 먹을 것인가?

아침도, 점심도, 저녁도 거지처럼 때우기

여행자마다 편차가 가장 큰 지출 분야는 바로 식비가 아닐까 합니다. 여행을 하면서 뼈저리게 깨닫게 된 사실 중 한 가지는 한정된 예산에서 하나를 얻기 위해선 반드시 다른 하나는 포기해야만 한다는 것이죠. 그래서 저희는 과감히 외식을 포기했습니다. 도시별로 한 끼 정도 사 먹을까 말까였고, 나머지는 대부분 직접 해 먹었습니다. 대신 각 도시마다 대형 마트에 들러 마음껏 장을 보았는데, 요리 대장은 늘 자취 경력 17년 차인 T군이었죠. 마트마다 현저히 싼 품목들을 어떻게 그렇게 쏙쏙 잘 골라내는지 초보 주부인 제 눈에는 그저 신기할 따름이었어요. 장 보는 시각은 마트 문 닫기 한 시간 전쯤이 좋습니다. 우리나라처럼 유통기한이 얼마 남지 않는 물건들을 마구마구 파격 세일하기 때문입니다.

아침은 주로 호스텔에서 제공하는 빵과 주스로 해결했고, 점심은 간단한 샌드위치를 만들거나 감자나 고구마, 계란 등을 쪄서 준비했습니다. 그리고 저녁은 대부분 해 먹는 편이었습니다. 호스텔에서는 이것저것 편하게 해 먹을 수 있었으나 차숙을 할 때에는 최대한 간단하게 해 먹었죠.

외국에서 해 먹을 수 있는 초간단 요리와 장보기 팁

◇ 1 ◇

대부분의 고기는 한국보다 저렴합니다. 각 나라마다 호칭은 다르지만 외국에도 삼겹살과 같은 부위가 있는데, 현지에서 뭐라고 부르는지 모른다고 주눅 들거나 실망하지 마세요. 정육점 유리 앞에 딱 붙어서 자세히 관찰해 보면 마치 매직아이처럼 삼겹살이 눈에 들어옵니다. 손가락으로 가리키면 끝!

◇ 2 ◇

파스타 중 제일 얇은 것은 우리나라의 국수와 거의 비슷합니다. 만약 고추장이 있다면 비빔국수를 해 먹기에 제격입니다.

◇ 3 ◇

홍합이나 오징어 등의 해물 조금, 버섯, 고추, 두꺼운 파스타, 마지막으로 소금만 있으면 얼추 해물 칼국수의 맛을 비슷하게나마 낼 수 있어요.

◇ 4 ◇

식빵, 치즈, 햄, 케첩 또는 마요네즈만 있으면 간단히 한 끼 샌드위치를 만들 수 있습니다. 여건이 된다면 신선한 양상추 또는 토마토를 얹어주면 금상첨화, 럭셔리 샌드위치로 탄생!

◇ 5 ◇

빵과 우유가 매우 쌉니다. 특히 우유는 탈지분유라 유통기한도 길고 가격은 1L당 약 600원 정도였어요(2013년 기준).

◇ 6 ◇

외국 마트에서도 심심치 않게 한국 라면을 발견할 수는 있습니다. 다만 상대적으로 중국과 일본 라면이 훨씬 저렴한 편이지요. 여행 중 굳이 한국 라면을 고집할 필요가 없다면 싼 값에 살 수 있는 라면 종류는 얼마든지 많습니다.

◇ 7 ◇

기름 조금 두르고 햄버거 패티만 구워 먹어도 미트볼 맛이 납니다. 케첩과 함께라면 말 그대로 햄버그스테이크!

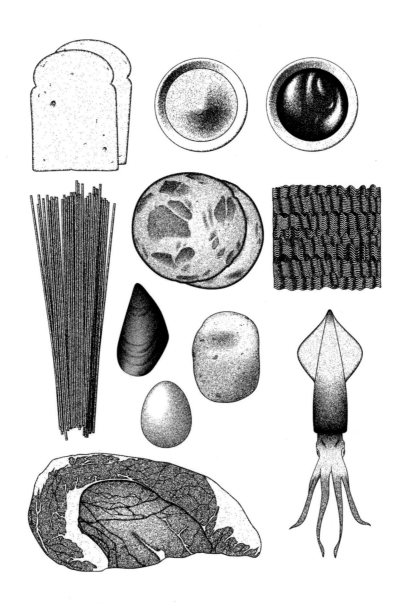

무엇을 경험할 것인가?

여행 중 절대로 포기할 수 없는 것들

여행 중에는 보고 싶은 것도 경험하고 싶은 것도 많습니다. 사실 먹고 싶은 것도 넘쳐나죠. 하지만 앞서 이야기했듯이 저희는 식비와 숙박비를 최대한 아껴 더욱 많은 것을 경험하고자 했습니다.

저희는 천혜의 대자연을 속에서 할 수 있는 여러 가지 레포츠들을 최대한 경험해 보려 노력했습니다. 번지점프, 캐니어닝canyoning(계류타기), 래프팅, 스카이다이빙 등 도전과 모험을 좋아하는 이라면 현지에서 즐길 수 있는 절호의 기회를 놓쳐서는 안 됩니다. 레포츠는 그 자체보다 어디에서 하느냐가 더 중요하니까요. 안타깝게도 스카이다이빙은 예약까지 했다가 불발되었지만 다음 여행에선 꼭 도전해 보고 싶은 레포츠에요.

저희는 둘 다 문화 관람을 좋아합니다. 각 도시마다 미술관이나 전시관 방문은 물론 특색이 묻어나는 공연 관람에 투자하는 것을 전혀 아까워하지 않았습니다. 석회동굴 안에서 펼쳐지는 네르하의 클래식 공연과 브레겐즈에서 보았던 수상 오페라, 타오르미나의 고대 원형 극장에서 펼쳐진 콘서트, 그라나다의 동굴 플라멩코 등 많은 공연들을 보면서 느꼈던 그 감동과 희열은 지금도, 아니 평생 잊지 못할 것 같습니다.

각 도시마다 계절에 따라서 다양하고도 수많은 축제가 열립니다. 축제 기간의 도시에선 평상시에는 볼 수 없던 새로운 모습을 볼 수 있습니다. 여행 시 각 도시별 축제 기간을 염두에 두고 계획을 짠다면, 여행이 더욱 풍성해질 것입니다.

영화 속에서 보았던 배경 속으로 들어가거나 어렸을 적부터 꿈꾸던 것을 실현해 보는 것은 어떨까요? 저희는 각자의 로망들이 많고 많아서 여행 내내 거지같이 다녀도 행복했습니다. 특히 T군은 게임 속에서만 경험했던 모나코 트랙을 실제로 돌던 날을 잊을 수가 없다고 했습니다. 또, 〈시네마 천국〉 마을에선 토토와 알프레도처럼 자전거를 타면서 어린아이처럼 행복해했습니다. 비록 모형이었지만······.

마지막으로 저희는 여행 중 최대한 많은 사람들을 만나고 소통하기를 원했습니다. 대부분의 여행자들은 현지의 겉모습만을 맴도는 경우가 많습니다. 내가 먼저 한 걸음 더 들어가면 그들의 삶이 보이고, 느껴집니다. 더 많은 추억과 깊은 의미가 가슴속에 새겨지고요. 관광객들이 주로 이용하는 고급 레스토랑에서 먹었던 음식보다 동네 시장에서 먹었던 요리가, 이웃집 친구가 건네줬던 퐁뒤가 더욱 맛있을 수도 있는 거죠. 또한, 잘 만들어진 워터파크보다 체팔루Cefalu에서 현지 아이들과 함께했던 물놀이가 더욱 즐거웠던 것은 그들과 함께 공유할 무언가가 있기 때문이지 않을까요?

싸우지 않고 여행하는 법

414일 간의 신혼 세계 여행을 마치고 한국으로 돌아오니 친구들이 가장 먼저 물었던 것은 '몇 개국을 가 봤니?'도 아니고 '어디가 가장 좋았어?'도 아니었습니다.

" 안   싸 웠 어 ? "

이게 가장 궁금했나 봅니다. 네, 안 싸웠어요. 어떻게 그럴 수가 있 냐는 반문에 곰곰이 생각해 보았습니다. 여행 초반, 사실 T군에게 불만스러운 게 있긴 있었습니다. 하루 일과를 마치고 나면 피곤함 이 밀려드는 와중에도 내일의 여행지에 대해 예습을 하고, 교통편 을 알아보고, 숙소를 예약하는 건 모두 제 몫이었거든요. T군은 손 가락 하나 까딱 않고 차려 놓은 밥상을 고스란히 받아먹는다는 느 낌을 지울 수가 없었지요. 불만이 점점 커져가던 어느 날, 제가 예 약했던 숙소가 오버부킹되는 바람에 깊은 밤 저희는 오갈 데 없이 막막한 상황에 처했습니다. 그때 멋있게 밖으로 뛰쳐나가 낯선 하 늘 아래 우리 둘이 안전하게 묵을 숙소를 찾아 돌아온 T군. 그 후로 도 미처 예상치 못한 사건, 사고가 터질 때면 당황하여 얼어버리는 저와는 달리 기지와 순발력을 발휘하여 상황을 신속히 해결하는 건 늘 T군이었습니다.

저는 더 이상 T군에게 여행 계획 짜기를 강요하지 않았습니다. 마찬가지 이유로 T군은 요리 못하는 제게 식사 당번을 강요하지 않았고요. 시간이 지나자 차츰 둘 중 누가 무엇을 조금 더 잘 하느냐에 따라 자연스럽게 각자의 역할이 분담되었습니다. 부부가 함께하는 여행, 그리고 인생에서의 중요한 한 가지 요소가 '있는 그대로의 상대방을 인정하는 것'이라는 걸 깨달은 후론 싸울 일이 거의 없었습니다. 살면서 점점 눈에 띄는 상대방의 단점들, 그게 내 성에 차지 않는다고 해서 상대방을 바꾸려 한다면 그는 이미 내가 좋아했던 사람이 아니라 다른 사람이 되어 버리니까요.

아! 싸움을 피할 수 있었던 한 가지 이유가 더 있네요. 24시간을 함께 지내다 보니 끊임없이 수다 같은 대화를 나눴죠. '불만은 쌓이기 전에 미리미리 털어놓기', '미안한 일을 했을 땐 자존심 내세우지 않고 잘못한 사람이 먼저 사과하기' 등이 그 비법이라면 비법일 수 있겠네요!

제자리

잃은 것과 얻은 것들

하루하루가 변화무쌍했던 14개월간의 대장정에서 돌아온 후 어느새 또 그만큼의 시간이 흘렀습니다. 평생 못 잊을 것 같았던 여행의 추억은 조금씩 흐려지고 있지만 다시 한국 땅을 밟았던 12월의 그 겨울밤만은 아직도 생생하네요. 리무진버스 속 라디오에서 흘러나오던 아나운서의 유창한 한국어가 어쩜 그리도 낯설던지요? 중국으로부터 날아든 황사 때문에 미세먼지 주의보가 발령되었으니 외출을 삼가라는 멘트에 창밖을 보니 정말 금방이라도 종말이 올 것처럼 하늘이 흐리고 탁했습니다. 또, 몇 년째 공사 중이던 집 앞 대로엔 대형 쇼핑몰들이 완공되어 20년을 지나 다니던 집으로 가는 길도 헤맬 지경이었어요. 1년이 조금 지났을 뿐인데,

한국은 많은 것이 변해 있었습니다. 저희는 낯선 곳에 처음 발을 디딘 여행자마냥 손을 꼭 붙잡고 친정으로 향했습니다.

집 그리고 가족……. 여행 내내 큰 힘이 되어 주었던 사랑하는 가족의 얼굴을 마주하고서야 오랜 긴장을 늦출 수 있었습니다. 다시 일상으로 돌아왔음을 실감할 수 있었죠. 사실 한국으로 돌아오는 시기를 일부러 연말로 잡은 것은 바쁘게 돌아가는 서울 하늘 아래 덩그러니 우리 둘만 잉여인간같이 부유할 것 같아서 내심 두려웠기 때문입니다. 너도나도 조금은 해이해지는 연말을 틈타 사람들도 만나고 남들 새해 계획 세울 때 우리도 다시 일상을 살아갈 계획을 세우면 되겠구나하며 나름 잔꾀를 부렸죠. 그렇게 보름쯤 친정 부모님 댁에서 호의호식하며 가족과 친구들의 격한 환영을 받았습니다.

그러나 언제까지나 부모님 댁에 얹혀 살 수는 없었습니다. 연초가 되어 부모님 댁을 나와 작은 원룸을 하나 얻었습니다. 침대에서 일어나 한 발자국 걸으면 화장실, 또 한 발자국 옆으로 옮기면 싱크대가 있는 작디작은 원룸으로요. 이삿짐이라고는 옷가지 몇 벌과 결혼식 때 친구들이 선물해준 밥솥 하나가 전부였습니다. 돌아오자마자 여기저기 이력서를 넣고 취업 준비를 한 결과 전 한 달이 채 지나지 않아 다시 새로운 일자리를 얻게 되었습니다. T군 또한 다시 처음부터 시작한다는 마음가짐으로 사람들을 만나러 다니기 시작했습니다. 초조해하지 않고 꾸준히 일거리를 찾아다니자 오히려 각종 기관에서 세계 여행 사진 강좌에 대한 의뢰가

들어오기도 했습니다. 한국으로 돌아와 한 달이 지나고, 두 달이 지나자 그저 한바탕 꿈을 꾸었던 것처럼 언제 세계 여행을 하고 왔는지 기억조차 나지 않을 만큼 일상에 완벽히 적응할 수 있었습니다. 길다고 생각했던 14개월은 인생에서 그리 길지 않은 시간이었을는지도 모르겠습니다.

　　달라진 게 있다면 마음가짐이겠지요. 떠나기 전에는 무엇을 가져야만 행복할 수 있다고 생각했습니다. 그래서 항상 주변을 신경 쓰며 전전긍긍 살았던 것 같아요. 다른 이들은 무엇을 가졌는지 알고 싶었고, 나 또한 그만큼은 소유하기를 원했으니까요. 세계 여행을 하는 동안에 길 위에서 우린 참 많이 웃고 행복했습니다. 물론 힘들고, 위험하고, 어려운 일도 많았지만 괴로워하거나 좌절하기보다는 그날의 작은 행복에 더 많이 기뻐했던 것 같습니다. 차숙을 한 다음날에는 스프링이 다 꺼진 매트리스라도 발 뻗고 잘 수 있는 침대가 있어 행복했고, 빵 한 조각으로 아침을 때운 날에는 점심 때 먹는 '햄'을 넣은 샌드위치 하나에 행복했습니다. 그러던 어느 날, 문득 이런 생각이 들더군요. '지금 우리가 가진 거라곤 내 몸뚱이만 한 배낭 하나뿐인데 왜 이리 행복할까? 행복하기 위해서 필요한 것들이 그렇게 많은 것은 아니구나!' 그래서 여행을 다녀온 지금은 생각이 바뀌었습니다. 무언가를 넘치게 소유하지 않아도 행복할 수 있다고요. 이제는 모든 것을 가지려 집착하지 않고, 그저 저희에게 필요한 만큼만 가지려 합니다.

With, Again, Europe

함께, 다시, 유럽

초판 1쇄 발행 2015년 7월 20일
초판 4쇄 발행 2017년 7월 1일

지은이 | 오재철 · 정민아
발행인 | 이원주

임프린트 대표 | 김경섭
기획편집팀 | 김순란 · 강경양 · 한지은 · 정인경
디자인 | 정정은 · 김덕오
마케팅 | 노경석 · 조안나 · 이유진
제작 | 정웅래 · 김영훈

발행처 | 미호
출판등록 | 2011년 1월 27일(제321-2011-000023호)
주소 | 서울특별시 서초구 사임당로 82 (우편번호 137−879)
문의전화 | 편집 (02) 3487−1650, 영업 (02) 2046−2800

ISBN 978-89-527-7437-8   03980